STUDIOS
TALMA

À paraître :

– *Dialogue avec le Cosmos, volume 2.*

Talma Studios
231, rue Saint-Honoré
75001 Paris – France
www.talmastudios.com
info@talmastudios.com
ISBN : 979-10-96132-40-9

Jacqueline Cattaneo

DIALOGUE AVEC LE COSMOS

STUDIOS
TALMA

CONVICTIONS

Entretenir ce « Dialogue avec le Cosmos » nous permet de nous sentir unis, reliés plus intensément avec vous, population de la Terre, et grandement en mesure de faire passer nos messages qui ne tarderont plus à être de la « matière concrétisée », du vécu pour chacun et pour l'humanité tout entière.

De quoi parlons-nous ?

Nous vous avons annoncé que nous avons des présents, des cadeaux pour vous, pour participer à votre évolution.

Sous quelle forme vont-ils se présenter ?

Seront-ils des inventions, qui vous seront soufflées en fonction de votre niveau de conscience augmentée ?

Seront-ils des idées brillantes, des modes de gouvernance inédits, des modèles éducatifs, des façons de s'entretenir avec des masses importantes de population pour entériner certaines méprises du passé à leur égard ?

Nos présents seront-ils des apparitions réelles de vaisseaux, des visites de la part de différents peuples susceptibles par leur constitution de se montrer en une forme reconnaissable par vous ?

Seront-ils une aptitude différente de votre part à nous reconnaître, à nous sentir, à savoir repérer nos présences purement énergétiques, puisqu'un grand nombre d'« entités autres » n'ont pas la possibilité de se matérialiser pour vous apparaître réellement ?

Sera-ce simplement des annonces, comme la paix sur la Terre, la fin officielle des guerres de toutes sortes, des famines ? L'abondance reconnue, sous forme de revenu de base inconditionnel, la fin des dettes, des impôts, des taxes de toutes sortes, remplacées par une micro-taxe brillante et réalisable ?

Un coup de pouce financier offert à chacun pour commencer une nouvelle vie, dans la facilité de mettre en route un projet

modeste ou important pour le bienfait individuel et de tous sur cette « Terre promise » ?
Sans chercher à catégoriser l'origine de cette expression de « Terre promise », le simple fait de prononcer ces mots met le cœur en haleine, prêt à recevoir des présents.
Et prêt à offrir le meilleur de ce qu'il porte, de ce qu'il espère, de ce qu'il souhaite expérimenter.
Serions-nous tous ensemble, vous et le Cosmos représenté dans son essence, susceptibles de mettre le cœur des humains en fête, de le nourrir de cet Amour qui lui a tant manqué ?
Pas cet amour émotionnel qui a tant fait souffrir, mais celui qui ne demande rien, n'attend rien, est pur bienfait pour l'être humain : la conscience, la visibilité sur les événements, le choix, la vérité, l'éducation, la responsabilisation, la reconnaissance que l'humanité dans son ensemble est potentiellement une pure merveille, si elle opère ce retournement qui est attendu d'elle.
Tout cela est possible selon vos inclinaisons personnelles, vos choix et la manière dont vous allez opérer pour recevoir ces présents dans votre escarcelle de vie.
Pourquoi prendre un papier et un crayon pour noter vos envies et vos intentions ?
Parce qu'ainsi, vous y apposez votre énergie, comme une signature. C'est votre façon de déclarer à la vie que vous participez à ce Nouveau Monde qui commence à poindre.
Ne reculez pas. N'hésitez pas.
Recherchez les merveilles de témoignages de ceux qui expérimentent une nouvelle façon de vivre.
Et, quelle que soit votre croyance en notre existence bienveillante, observez ce qu'il y a de meilleur en vous et en l'humanité.

COMESTIBILITÉ

« Scarifier une pelouse » devient nécessaire aux yeux de certains, lorsqu'elle n'a pas bien été entretenue. Comme une chevelure pleine de nœuds, elle se feutre et ne peut plus s'oxygéner. On pratique alors de petites incisions.

Qu'est-ce que cela peut signifier au niveau de votre vie, de l'humanité, de la planète et du Cosmos tout entier ?

Cela signifie que vous avez à vous départir de toutes vos croyances apprises, de tous types, qui feutrent votre tissu intellectuel et l'empêchent de se renouveler.

Non pas en amenant tout à la déchetterie, mais en triant, en enlevant personnellement ce qui occupe la place de ce que l'on choisit de voir grandir, en cultivant son jardin intérieur.

Avez-vous pris le temps de sélectionner ce qui doit l'être, de préparer vos plantations ?

Ou, comme une pelouse, vous êtes-vous laissés petit à petit envahir par la mousse, vous moulant dans une réalité sans rebondissements, dans une façon d'être qui s'amoindrit peu à peu pour générer une vie conforme ?

Qu'allons-nous faire maintenant tous ensemble ?

Vous, humains, dans ce que vous êtes devenus pour la plupart, des pelouses feutrées laissant à peine circuler la vie, et nous, vos voisins proches, remplis de présents pour faciliter votre évolution ?

Comment réagissez-vous à ce constat ?

Nous le rappelons régulièrement pour sentir que cela se faufile dans votre conception de la réalité. Nous avons planté des graines, nous les arrosons avec le bonheur de voir qu'elles prospèrent.

Pour certaines mêmes, elles arrivent à maturité.

Pour ceux qui ont des pelouses, et ceux qui n'en ont pas, pourriez-vous imaginer vous réveiller et voir, à la place, un

potager merveilleux, rempli de fleurs, de légumes et de fruits à partager tous ensemble ?
Sans oublier les insectes, les vers de terre, les oiseaux, la rosée du matin, les petits animaux que l'on protègerait, les animaux sauvages qui viendraient eux aussi déguster l'abondance, vous enivrant de leur audace et de leur liberté.
Vous n'auriez plus à scarifier pour avoir un beau gazon, vous auriez à savourer. La joie de l'abondance pour tous, de l'infinie générosité de la Terre à se prêter au jeu de la vie que vous expérimentez.
Cultiver la Terre de manière respectueuse est une forme de reconnaissance à son égard. C'est la remercier pour sa capacité à nourrir la vie de votre merveilleux corps physique, qui n'en est qu'au début de son ingéniosité à livrer des informations inédites sur ses aptitudes inouïes.
Embellissez toute parcelle de terre et rendez-la comestible, intérieurement et extérieurement. Faites de la place dans votre mental pour la fertiliser par l'acceptation de nos présents, de nouvelles graines qui seront les témoins de nos retrouvailles.
Plantez, semez, fertilisez, rajeunissez... vos pensées, vos croyances, vos jardins, vos terrasses.
Labourez votre terre intérieure et trouvez, coûte que coûte, un lieu où vous réjouir de voir la Nature à l'œuvre.
Incluez les enfants, c'est leur plus grand bonheur.
Modifiez les villes, créez des escouades d'« incroyables comestibles », de jardiniers du bonheur.
Si besoin, inspirez-vous de ce qui existe déjà.
Devenez les créateurs du Nouveau Monde pour faire fructifier cette Terre promise, dans le cœur d'abord, avec comme fertilisant inépuisable, l'Amour.
Cette énergie qui renouvelle tout.

BAC À SABLE

Ce qui se passe sur Terre est comme un bac à sable : chacun cherche à y trouver sa place, mais surtout à découvrir comment vivre ensemble, tandis que certains se permettent de lancer du sable dans les yeux des plus démunis ou des plus loyaux.

Observez, observez-vous surtout, mais n'y mettez pas tout votre affect, toute votre sensibilité, ce qui reviendrait à mettre la tête dans... le sable.

Apprenez à jouer, et jetez un œil averti ; même si cela semble être une grande bataille, le jeu a changé.

Ce sont les bonnes nouvelles qui permettent au jeu d'être différent.

Vous êtes dans le « rush final », même si nul ne sait le temps qu'il prendra.

La bonne nouvelle est qu'un assaut de particules adamantines se déversent sur l'humanité et ne laissent rien indemne sur leur passage.

Le réveil collectif se fait, l'envie de connaître les vérités sur ce qui se joue, qui déboulonnera le socle de la matrice en soi d'abord, pour accéder à ce Nouveau Monde qui n'est pas une illusion, mais la réalité à venir.

L'énergie de ces particules d'Amour assaillent votre planète et lui donne ce parfum de renouveau tant attendu.

Comment ne pas douter ?

En ressentant l'annonce que provoque cette possibilité véritable au fond de votre cœur, là où l'essentiel se joue, se valide et se crée.

L'atome primordial, cette particule d'Amour pur, contient en lui-même la potentialité de créer sa propre réalité, ainsi que celle de la communauté, si vous vous en donnez les moyens, c'est-à-dire si vous l'exprimez.

Répandez cette nouvelle, la plus grandiose que vous puissiez

propager : vous avez la possibilité de créer une nouvelle réalité à partir de votre cœur aimant.
Bien sûr, cela paraît si simple ou déraisonnable que l'on peut passer sa route sans y prêter attention.
Ou simplement faire un arrêt sur image, le temps d'un instant, pour s'offrir cette proposition qui offre tout à chacun : émettre des intentions à l'égard de l'humanité, de la Terre, de soi-même.
L'intention crée un champ quantique que nos amis, les physiciens actuels, peuvent démontrer.
Les informations circulent, ceux qui veulent en savoir davantage en trouvent facilement la confirmation.
L'essentiel réside néanmoins dans la simplicité à la portée de tous : un cœur aimant est en mesure de créer une réalité nouvelle.
Alors, pouvez-vous observer quelles ondes vous propagez à partir de vos commentaires incessants, de vos doutes, critiques, inquiétudes... ?
Ou, simplement à partir de la validation de cette réalité, qui peut devenir une évidence commune, la ligne directrice de la nouvelle humanité ?
Êtes-vous en mesure de partager votre jeu, même si, a priori, l'idée de l'autre vous semble pleine de conspiration ? Pouvez-vous faire un pas vers lui avant de détruire son château de sable ?
Les mauvais joueurs commencent à être vus de tous. Ce sont ceux qui ont le plus peur de l'inconnu. Ils s'exposent...
Que souhaitez-vous vivre sur Terre au sortir de cette immense transformation ?
Anticipez, l'heure est à la fête.
Avez-vous déjà participé à une fête sans l'avoir imaginée, attendue ?
Tout se crée d'abord sur le plan métaphysique.
Il n'y a aucun risque à accorder du crédit à cette affirmation.
Essayez. Avec Amour.

AUTHENTICITÉ

Vous êtes à l'orée de ce Nouveau Monde, qui a assez attendu pour se montrer aux citoyens de toutes les espèces, à l'Humanité une et une seule.

C'est là que vous vous trouvez, à commencer à vous témoigner des signes de complicité, à fraterniser, quelle que soit la race, le degré de connaissance, et surtout, oui, surtout, le degré de connivence avec la nouvelle réalité.

Celle-ci ne se méprend pas dans des allégeances destinées à mettre en avant telle ou telle intention ou vérité, elle s'attache à instaurer les valeurs de cœur, celles de l'inclusion, du non-jugement, de la non-classification par des critères révolus.

Par la simplicité d'être ce que vous êtes, reliés aux différentes dimensions qui vous habitent et sont votre entièreté d'existence.

Vous êtes de nature multidimensionnelle, c'est ce qui fait la beauté de la découverte à venir pour une multitude d'êtres humains prêts à lâcher leurs certitudes pour s'aventurer dans le « non-connu ».

L'inconnaissable devient alors une source d'expérimentation.

Les lois universelles se révèlent. La beauté de la vie tient ses promesses et les voyages d'un autre type dépassent la vitesse de déplacement nécessaire à un véhicule mû par l'énergie fossile.

Le monde devient un enchantement, les ondes émises pur émerveillement. La gagnante de ce processus est, bien entendu, l'évolution.

Le monde entre en pleine évolution.

C'est pure merveille, c'est pure beauté. C'est.

Réjouissez-vous sans limitation.

COURTAGE

Quelque chose d'intrusif est en train de se produire pour chaque humain.

Son ADN se déploie, ses caractéristiques humaines changent. La mémoire devient différente. Les intérêts extérieurs et intérieurs aussi.

Vous n'avez plus envie de recommencer, comme avant, cette course effrénée pour être quelqu'un, vous sentir exister.

Vous poursuivez le cours des choses non plus dans une horizontalité filiforme, mais une verticalité qui vous entraîne dans ses plus beaux sillages, ceux de la résurrection de vos vies.

Les temps sont prospères pour la liquidation de l'ancien, des restes d'ego, d'une certaine nécessité d'être connu ou reconnu. Vous savez ce qui est à observer, les aspects où vous voudriez avoir raison et faire adopter votre point de vue.

L'enjeu n'est pas d'avoir raison. Il est d'apprendre à valider de l'intérieur, à sentir la justesse d'une proposition sans avoir à passer par le mental.

C'est un système, une habitude de fonctionnement qui a à se mettre en place et a besoin d'être respecté, en s'inspirant des jeunes enfants non formatés à penser la réalité.

Ils la vivent.

N'hésitez pas à reconsidérer les fondements de vos fonctionnements, de vos certitudes, même si elles ont de l'audience, afin de passer à l'ère de la validation par la perception. Celle-ci est comme un détecteur de mensonges, d'ego, de besoin de reconnaissance.

Elle observe les déviations et avertit.

L'humain n'a pas à être parfait. Il a à être authentique, sur les filtres intérieurs qui l'animent encore à grande ou petite échelle. C'est tout.

La vie se charge du reste, comme de valider nos existences pacifiques, nous, êtres du Cosmos, à travers une multitude de moyens tous aussi utiles les uns que les autres, sans concurrence, sans s'approprier quoi que ce soit.
Dans la liberté d'être et de s'exprimer, pour répondre à une multitude d'humains en appel de nourriture pour leur âme.

LIBRE-ARBITRE

Quelles sont les conditions requises pour que nous puissions approcher en tant qu'« êtres extérieurs » de votre zone de cœur, de votre quotidien, de vos habitudes de fonctionnement, de vos rêves, de vos espoirs, de vos projets ?
Que pouvons-nous mettre en œuvre pour parvenir à vous faire entendre que nous sommes bienveillants et ne faisons pas partie de cette faction sombre qui a tenté de vous soumettre jusqu'à vous annihiler ?
Y a-t-il un moyen, une méthode, un secret ?
Nous ne voulons pas enfreindre le « libre-arbitre » dont vous êtes souverains pour quelque temps encore, sachant qu'il a subi une distorsion majeure et n'a pas rempli le rôle qu'il devait jouer au cours de votre non-évolution.
D'« humain libre » que vous auriez dû être, par les malices de la manipulation de ce libre-arbitre, vous êtes devenus les êtres les moins libres du Cosmos.
Est-ce irraisonnable de le déclarer ?
Que signifie alors « être libre », « jouir de son libre-arbitre » ?
Posez-vous la question. La réponse ne peut venir que de chacun, mais, dans ce système frelaté dans lequel vous vivez, il ne faut pas être très alerte pour réaliser que quelque chose de majeur a été dévié.

Alors :
- soit vous poursuivez dans cette idée que vous n'avez rien à changer, puisque les financiers, les gouvernements, les décideurs, les « prieurs », vous-mêmes, sont ceux qui vous garantissent cette liberté, qui est votre droit de naissance ;
- soit vous allumez tous les voyants de ceux qui déclarent la fin de l'obscurantisme intérieur.

Rester dans l'inconfort de choisir, de décider, de prendre sa réalité en main, non seulement pour vous-même, mais pour l'humanité tout entière, est votre manière de déclarer que, pour des raisons qui vous échappent, vous n'êtes pas en mesure d'être authentique.

Vous déclarez ainsi accepter la scission : faire partie de ceux qui veulent, le temps qu'il leur reste, poursuivre sur leur lancée, soit d'ignorance, soit de pouvoir par le mensonge.

Deux camps semblent donc se profiler dans les temps à venir : ceux ayant compris et intégré ce qui se joue, et qui participeront par leur projet à la mise en place de ce Nouveau Monde qui verra le jour, quoi qu'il en soit ; ou celui de ceux qui tentent encore de le retarder, par le temps qu'il leur faut pour accepter que leur vision de la réalité se transforme, que les digues lâchent, ou alors des falsificateurs, ceux qui ne peuvent d'aucune manière accepter qu'ils ont échoué.

L'incertitude règne... Chacun semble pouvoir être rangé dans une catégorie ou une autre.

C'est à observer.

Certains humains ont maintenant besoin d'expérimentation, d'être confrontés à la matière, à leur réalité et selon ce que chacun aura fomenté par le libre-arbitre réel de sa capacité à créer sa réalité, il expérimentera ainsi ce qui est à la hauteur de ses certitudes et de ses constructions mentales.

Comme tous les « réveilleurs de conscience », ensemble, nous

ne pouvons pas faire davantage avec cette catégorie pour le moment. On ne tire pas sur une pousse pour la faire grandir plus vite.
Une fois qu'elle a été arrosée, que toutes les conditions lui ont été données, elle suit le rythme qui est le sien. Et il y a celles qui ne pousseront pas... des OGM.
En revanche, pour les autres, rien n'est perdu, bien au contraire.
Cependant, c'est sous un autre angle qu'il faut avancer maintenant : celui de la libération de l'abondance promise pour déployer plus en avant vos projets.
Tout est facilité pour celui qui est aligné avec ses intentions profondes de vouloir exprimer la meilleure version de lui-même et de l'humanité.
Confiance... et surprises.

CONSÉCRATION DE L'HUMAIN

L'heure est à la consécration, de vos erreurs passées, de vos aptitudes présentes et de vos synchronicités à venir.
Ce sont elles qui vont vous démontrer que vous n'êtes pas dans l'illusion consistant à penser que vous créez votre réalité dans ce Nouveau Monde. Vous êtes dans une réalité tangible, qui opère sur votre matérialité et vous permet de constater que tout est en changement dans ce monde encore incertain. Vous le constatez déjà pour ceux qui en ont la possibilité.
Dans ce qui s'inscrit comme évolution, vous allez recevoir d'innombrables présents de la part de diverses dimensions qui vous raviront et vous étonneront, vous qui n'êtes pas habitués à recevoir des cadeaux.
En effet, vos formes de gouvernance n'ont de cesse de vous piller pour accumuler leurs richesses, non pas celles qui témoignent de la beauté du cœur, mais de ces vils instincts qui déprécient la grandeur de la nature humaine.

Alors préparez-vous, chers amis, pour une fois peut-être, à recevoir.
Vous est-il possible de l'imaginer ? Vous mettre dans cet état qui ne demande rien à personne, mais qui spontanément « ... a droit à... » ?
En premier lieu, comment allez-vous réagir à cette nouvelle ? Puis aux faits, aux cadeaux, à la grâce d'obtenir ce que vous avez souhaité tant et tant de fois pour la Terre, pour l'humanité tout entière, pour la nature, les animaux, les forêts... vous-même ? Le droit à quelque chose de plus que le minimum. Le droit d'avoir de quoi être serein, sans inquiétude sur les sujets qui préoccupent un être humain dans un monde où tout est dénaturé, basé sur l'argent, les factures ou les dettes à payer.
Pouvez-vous imaginer autre chose. Avez-vous-même essayé ?
Nous sommes là pour vous conduire à la porte de ce Nouveau Monde où des humains « sages et éclairés » prennent les meilleures décisions pour les autres, pour vous. Un monde où l'information est libre et où les nouvelles idées positives peuvent circuler librement, pour vous permettre de comprendre, de prendre les justes décisions parce que les contenus vous auront été explicités clairement.
Chers humains, il est temps de vous unir tous ensemble pour informer, diffuser, partager toutes ces informations essentielles à la bonne marche du renouveau et de votre libération.
Pour beaucoup, vous n'avez pas encore intégré, par exemple, les notions de revenu de base universel ou de micro-taxe, parce que la générosité d'intention et la pertinence de ceux qui veulent vous offrir ces facilités de vie n'est pas parvenue jusqu'à votre compréhension. Les vérités généreuses sont souvent déguisées, voire ridiculisées.
Vous avez donc pris l'habitude de suivre ce que les médias vous suggèrent de choisir et vous avez oublié de remettre en question

vos incompréhensions, vos doutes, mêmes peu perceptibles, qui tentaient de trouver une petite voie dans votre réalité bâtie de toute pièce sur une texture qui favorise les puissants.
Alors soyez dans la simplicité et la curiosité.
Offrez vos informations, celles qui ont traversé le voile de la remise en question à toute personne que vous rencontrez. Non pas pour tenter de convaincre, mais pour démontrer par des expériences indiscutables, celles de votre chemin, que quelque chose ne tourne pas rond et peut être reconsidéré.
Cela concerne tous les sujets qui se rattachent à l'humanité.
De plus en plus nombreux sont ceux qui se le permettent. C'est ainsi que le monde peut changer, qu'il est en train de changer.
Vous êtes les créateurs de votre nouvelle réalité, alors informez-vous. Soyez curieux de tout et surtout de ce que l'on vous cache.
Et ce que l'on vous cache principalement, pour beaucoup encore, est que vous ne voyez pas que l'on vous ment.
Pouvez-vous constater ce paradoxe ? Il est le plus difficile à changer et nombreux sont ces humains intrépides et courageux qui n'ont jamais cessé de se battre pour la vérité, dont vous faites partie, travailleurs de lumière.
Nous vous remercions de votre indispensable collaboration qui peut maintenant porter ses fruits, et nous vous disons à très bientôt pour des surprises qui vous raviront et, surtout, vous faciliteront la vie.
Nous sommes vos amis de l'autre côté du voile qui devient de plus en plus fin, laissant la vérité sur vos origines trouver sa voie jusqu'à votre raison.

JOUER

Tel un effet de perfusion, les réseaux telluriques, cristallins de la planète se mettent à vibrer en présence de certains êtres, des humains, et vous en faites partie.

Par votre conscience et votre taux vibratoire élevé, vous êtes en mesure d'insuffler, telle une perfusion d'information, de l'énergie, de la lumière dans les grilles, pour les « encoder » et permettre aux utilisateurs, qu'est l'humanité tout entière à son insu, de puiser à profusion de l'inspiration et du renouveau dans cette magnitude de données.

Le savoir vous permet de comprendre pourquoi vous fonctionnez tous ensemble comme une seule entité, l'âme de l'humanité, à laquelle certaines énergies noires ont tenté et tentent de se substituer.

C'est encore en cours. On tente de faire disparaître votre âme individuelle et collective en vous « robotisant ». En cherchant à incorporer des technologies artificielles, en faisant de vous un troupeau de moutons bêlants et en resserrant de plus en plus le parc électrifié autour de vos vies. Être un mouton noir a toujours été une gageure. Ce n'est pas utile pour se distinguer personnellement, mais pour montrer aux autres que quelque chose de différent existe.

Une valeur, connectée à l'énergie primordiale originelle, qui part du cœur de chacun et, pour un grand nombre d'entre vous, a été oubliée, mise en quarantaine.

Vous avez perdu votre lumière intérieure pour devenir des moutons.

Le merveilleux bénéfice de cela est que vous vous êtes mis en quête de chercher ce qui vous manquait tant.

Ce parfum de retour à la maison.

Et vous vous êtes mis à trouver.

Vous avez trouvé ce lieu, cette émanation qui rayonne à l'intérieur de vous et vous fait vous sentir chez vous.

Être rentré à la maison, avoir retrouvé le foyer originel, est ce qui vous arrive maintenant. L'enjeu est d'emmener progressivement vos frères et sœurs égarés pour leur montrer que tout est déjà là, au cœur du cœur, la lumière, l'émanation qui confirme cela. L'enjeu est de le découvrir et de s'y connecter.

Certains grands êtres ont ouvert la voie au cours de l'Histoire et ont semé de nombreuses graines dans ces « grilles ». Ils suivent de près les péripéties de l'humanité.

Vous en êtes à la récolte. Vous commencez à réaliser que vous êtes des Êtres de lumière dans des corps de matière, qui se divinisent et s'apprêtent à révéler la suite de leur fonction, inédite, surprenante, à découvrir.

Les temps sont aux liquidations qui font de la place pour l'innovation, les découvertes, le jeu, le plaisir de vivre. Pour affronter les irrésolus avec l'esprit d'un enfant qui s'amuse et sait que le jeu est corsé. C'est ainsi qu'il progresse, avec courage et détermination qui font qu'il ne peut échouer vis-à-vis de lui-même. Il donne le tout pour le tout. Il ne lâche rien.

L'enjeu sur l'échiquier actuel aurait visé à ne garder que des « pions obéissants et robotisés », une race sélectionnée de joueurs.

La partie est donc de haut vol.

Pour ne pas supprimer du jeu la non-conformité, les pions qui tiennent à leurs attributs humains, il faut poursuivre et terminer cette partie de très haut niveau dans l'intelligence du Cœur et de l'Esprit.

Avancer chaque pièce avec un style efficace et percutant, de manière à ne laisser aucune chance aux supposés « maîtres du jeu ». Ceux qui ont débuté la partie avec des bonus auto-attribués.

Vous n'êtes plus des débutants, nous avons une confiance totale en vous et en votre capacité à relever tous les défis.

Vivez-le comme une danse, une chasse au trésor, un jeu extraordinaire.
Plus vous vous amusez du jeu de la vie, plus vous rayonnez cette lumière présente en vous de toute Éternité. Celle qui, inexorablement, fragilise l'obscurité.
Nous sommes à vos côtés et vibrons de vos ingéniosités de cœur.
Jouons gros tous ensemble, multidimensionnellement.

COMMUNICATION

Rappelons nos souhaits, notre Plan le plus cher de vous rencontrer dans la plénitude du cœur. Celle que vous êtes amenés à réaliser à travers tous ces événements inédits et douloureux qui mettent à mal vos certitudes et vos habitudes de fonctionnement.
Nous ne sommes pas loin. C'est en vous d'abord que le « travail » doit se faire pour que vous ayez accès à cette volonté de « nous » rencontrer.
Dans des vaisseaux, des apparences physiques autres, des voyages sur d'autres planètes...
Vous recherchez du spectaculaire, quelque chose qui puisse vous prouver que nous existons sous d'autres formes et apparences.
Certes, cela peut être vrai, mais l'essentiel à capter est que l'accès à d'« autres mondes » dépend de votre niveau de conscience, de votre confiance dans le fait que d'autres réalités existent et de la volonté du cœur de s'y rallier.
Quand cela est accompli comme une première marche d'accès, il vous devient alors possible de réaliser que nous sommes partout.
En vous, parmi vous, dans d'autres lieux, d'autres « dimensions ».

Ces révélations peuvent venir au fur et à mesure que vous avancez dans le « réveil » collectif à votre multidimensionnalité et au fait qu'elle vous a été cachée.
Et, à cet endroit, vous êtes tous co-solidaires.
Nous avons besoin d'être certains que, quels que soient les avantages que vous aurez à nous connaître ou reconnaître, vous ne chercherez pas encore, comme par le passé, à en tirer profit pour des intérêts égotiques en tant que personnes, nations ou systèmes occultes.
Si le cœur n'est pas éveillé à d'autres valeurs, à sa sacralité, à la préciosité de la vie de chacun et de tous les règnes, nous n'avons pas le « feu vert » pour rendre visibles les nouveautés qui se sont préparées en coulisse du « monopole planétaire mensonger de l'information ».
De nombreux Êtres ont œuvré depuis fort longtemps ou œuvrent actuellement pour sélectionner des nouveautés dans tous les domaines propres à vous sortir de cette situation, qui s'apparente à un grand désastre humanitaire.
Nous vous suggérons donc de remettre en question toutes vos croyances acquises sur ce mot « extra-terrestre ». Le premier pas étant, bien sûr, de savoir que cela existe, pour vous laisser apprivoiser par des notions qui auraient de quoi vous surprendre davantage encore que de vous retrouver face à un vaisseau, un « reptilien » ou un être d'apparence autre que vos corps physiques d'humains terriens.
Un cœur ouvert à sa propre conscience est un cœur qui s'apprête à vous offrir des révélations sur ce que vous portez comme trésor. Chercher vous permet de découvrir qui vous êtes et ce que vous avez à accomplir, l'Humanité une et une seule.
Et de le partager.
Entrez dans le jeu fascinant d'emmener votre personnage dans la grande aventure du « fondre avec ses certitudes » pour vous trouver enrichi de votre multidimentionnalité.

Vous l'aurez compris : c'est en vous trouvant que vous nous trouverez.

S'ENHARDIR

S'enhardir de tout ne signifie pas se démener contre vents et marées. Cela signifie déposer le connu pour oser se diriger tranquillement ou passionnément vers l'inconnu, l'indicible, le secret.
Des dons d'une autre sorte, de ceux qui ne sont pas encore révélés au grand jour, patientant jusqu'à ce que le moment opportun soit là, dans vos chaumières intérieures éclairées de la lumière de l'espoir d'un monde différent.
C'est ainsi que tout chemine vers cette réalité non tangible encore, mais prometteuse de nouveaux émois pour vos cellules avides d'enchantement.
Ce ne sera pas long avant que vous puissiez vous départir de vos limitations dites « physiques », de l'altération, pour cheminer vers la réparation, le renouvellement, la régénération et principalement l'explosion de votre « radioactivité » cellulaire.
Que signifie ce mot ? Comment le comprendre ?
Émettre de la radioactivité sacrée est ce qui vous est propre, ce qui vous habite, ce qui vous appartient. Le savoir aussi. C'est ce qui permettra de vous approprier comment vous créez votre propre réalité et celle du collectif, l'humanité une et une seule.
Le monde tel qu'il se déploie actuellement est le produit de votre création collective multi-millénaires. Il s'est fomenté, tissé, à partir de vos expériences, de vos croyances et de l'abandon progressif de cette radioactivité qui peut émaner de vos cellules, possibles « centrales » puissantes et valorisantes du potentiel qui les habite.
Il ne s'agit donc pas de fantaisie, mais d'émanation, de transcendance, de transfiguration.

Ce n'est plus réservé à des vies exceptionnelles et exemplaires de sagesse : l'humanité tout entière est maintenant concernée. Émettre des doutes là-dessus du simple fait de constater la non-humanité de beaucoup d'entre vous encore, ne permet pas de vous diriger vers ce portail de connaissance à propos de vous, humains terriens dans des corps de « matière ».
Suspendez vos doutes.
Laissez-vous porter par le flot de renouveau qui vous entraîne tous graduellement vers la meilleure version de vous-mêmes.
Acceptez comme un cadeau, ce don, cette magnificence de la vie qui veut vous rendre cette capacité qui est la vôtre, celle de créer la réalité individuelle et collective, que vous allez expérimenter dans ce nouveau cycle qui commence.
Vous êtes les créateurs de ce Nouveau Monde par l'intermédiaire de ce « corps physique » devenant « corps de lumière », syntonisant sa capacité à émettre de l'Amour comme une puissante radiation qui se propage telle une onde au-delà du mur du son, plus rapidement que la vitesse de la lumière, signant des « exploits » repérables loin dans les univers ainsi réenchantés, réinformés.
C'est de toute beauté. C'est vous, humains sur cette Terre si particulière.
À vous d'en découvrir la grandeur et l'originalité cachée.

DÉCLARATION

L'Histoire est-elle celle qui vous a été enseignée ?
A-t-elle été inventée en grande partie pour fournir des bornes à un plan qui n'était pas le plan originel pour lequel vous vous étiez préparés ?
Moins vous pensez être certains de vos connaissances apprises, plus vous êtes proches de découvrir une forme de vérité. Celle

qui se vit, se vérifie par la confirmation du ressenti intérieur et celle qui laisse la place à la créativité, à la création.
Il vous est demandé maintenant de créer vos vies. De vous sentir suffisamment libres de cela pour vous permettre d'imaginer, de projeter ce que vous voudriez vivre de concret.
Sans les plaintes, les limitations, les « c'est impossible ».
Qui que vous soyez, prenez-vous en main et décidez en accord avec l'aspect de vous-même le plus respectueux de la vie, ce que vous souhaitez vivre.
Vous ou tout autre humain sur la Terre.
Que souhaitez-vous pour vous-même que vous souhaiteriez pour chacun ?
Si c'est opportun, laissez de côté pour un instant les rêves de pouvoir, de gloire illusoire ou de matérialité clinquante, pour vous pencher sur ce qui vous mettrait en émoi par rapport à l'humanité tout entière, à la Terre, à tous les règnes présents visibles et invisibles.
Dans vos rêves les plus fous, que vous permettriez-vous de vous offrir comme présents, de ceux qui ne comblent pas l'ego le temps d'une consommation factice, mais ceux qui nourrissent l'âme, le fond de l'être, le meilleur en soi ?
À quel moment êtes-vous en train de nourrir cette partie sacrée en vous-même qui vous signale par cette joie simple et sans nécessité de cause extérieure, que vous êtes sur le chemin de réaliser concrètement la mise au monde de qui vous êtes, le nouvel humain ? Celui qui se plaît à se soucier des autres autant que de lui-même et de son cercle proche. Celui qui ne fait pas les choses pour être reconnu, mais pour permettre à chacun de reconnaître en lui ce qu'il a de plus précieux, quelles que soient ses conditions de vie actuelles.
Que pouvez-vous accomplir personnellement dans votre périmètre pour mettre en joie d'autres êtres humains ? La joie de

savoir que le monde est en train de changer, pour leur apporter le réconfort dont ils ont tant besoin.
Se soucier des autres autant que de soi-même est un signe d'évolution certain, s'il en fallait un pour vous reconnaître comme faisant déjà partie du Nouveau Monde.
Non pas par moralité, mais pour la joie d'être et de donner.
Donner de soi-même, de ses idées, de sa joie de vivre dans la confiance de la réalisation de ses objectifs à petite ou grande échelle.
La joie de diffuser quelque chose qui touche, qui atteint et embellit la réalité de son entourage.
La joie qui scelle la confiance que le meilleur est à venir, quelles que soient les apparences extérieures.

S'AUTO-CONCERTER

L'heure est à la concertation, aux plans conjugués, aux bonnes directions à prendre.
L'humanité ne peut pas se dérober à une telle croisée de ses chemins où les enjeux sont colossaux, pour elle-même, pour la Terre et pour le Cosmos tout entier.
Elle ne peut que se responsabiliser et mettre en avant toutes ses possibilités créatrices.
Vous avez à vous éveiller à cette possibilité que les configurations à venir ont à se conjuguer avec tous les niveaux des réalités qui se déploient actuellement sur votre Terre.
Se responsabiliser au niveau de la matière, c'est la vivre pleinement dans ses difficultés actuelles, innombrables, qui sont, paradoxalement, de nature multidimensionnelle, et chercher à les « résoudre » dans le sens de l'évolution.
Dans la confiance et la tranquillité, en apportant ses compétences actuelles ou à venir dans tous les domaines qui nécessitent

d'être reconfigurés de manière inspirée et compatible avec tous les niveaux de réalité qui habitent vos espaces de vie actuels, terriens.
Préférer ne pas tenir compte dans vos discussions et vos actions de nos « présences autres » sous différents aspects est une possibilité, mais elle dénote la non-volonté d'avancer vers l'autonomie multidimensionnelle, à l'image de votre ADN qui se restaure.
Cela concerne bon nombre de dissidents courageux du monde actuel, qui militent pour le respect de la vie, mais peuvent se limiter dans des changements de moindre envergure.
Certes, ils sont essentiels, si l'on parle de cultiver ou se nourrir de façon respectueuse pour le corps et la Terre, de pratiquer des activités « physiques » qui enseignent l'art de ressentir les énergies, telles que le yoga, le Qi-gong, les arts martiaux..., ou de penser être sur la voie de la créativité supra-mentale en méditant.
Tout est à valoriser dans la plénitude du cœur.
L'essentiel est d'avoir une vision qui s'amplifie toujours davantage sur les problématiques géantes, parce que cosmiques, que traverse la Planète Terre en ce moment.
Avoir peur n'est pas la solution, puisque c'est une énergie qui alourdit le paquebot déjà sur la tangente.
Alors ?
Que dire, que faire, pour être libre et léger, en même temps que responsable de l'avancée du Tout ?
C'est là que se situe l'enjeu majeur.
Il revient à chacun d'y réfléchir.
Non pas en y apposant des solutions toutes faites, de celles que l'on ressort du dernier tiroir, mais en tenant compte des données actuelles à tous les niveaux.
En étant conscients d'être créateurs de la réalité conjointement

au plan divin, qui se déroule comme un « fil rouge » d'amour, accompagnant vos avancées dans la réalisation.
Le tapis se déroule au fur et à mesure que vous vous déployez vous-mêmes dans la confiance que c'est vous qui tenez les rênes de vos vies.
Par le passé, on aurait pu appeler cela « votre destinée ».
Il n'y a pas de destinée autre que celle que vous créez dans vos « micro-processeurs » de réalités individuelles et collectives.
Vous êtes entièrement responsables de ce que vous créez par vos alchimies intérieures, vos pensées inspirées, votre verbe et votre confiance ou non en la possibilité d'un monde qui donne le meilleur de lui-même, à l'image de ce que vous êtes intérieurement.
Tout se joue et se crée dans le présent de la conscience.
Personne ne peut s'extraire de cette responsabilité, qui a un merveilleux goût de « libération créative de tous les possibles ».

TEMPÉRATURE

En cette période d'ouverture de certains portails essentiels autour du Lion, nous sommes en mesure de vous donner des indications concernant l'avancée des forces en présence.
Non pas que nous souhaitions avoir le monopole de l'information cosmique, tout ce qui met l'humain en état d'alerte est bienvenu, mais parce que nous sommes à ce poste qui ne nécessite pas d'explication autre que ce qui est dit.
Vous êtes de plus en plus, chers humains, en état d'alerte, de réveil cosmique. Vous accomplissez votre mission de chercheurs de vérité et d'authenticité à merveille.
Nous sommes donc en état de remerciement pour cette place certaine que vous prenez et ce que vous permettez par cet état de fait.

Plus vous êtes nombreux à tenter de toutes les manières d'informer véritablement sans semer encore plus d'incertitudes dans la tête des personnes perdues, plus le ciel semble s'ouvrir pour permettre à toutes ces descentes d'énergies différentes de vous atteindre et de vous ennoblir.
Oui, par ces vibrations de haut niveau, votre espace est bonifié, magnifiquement embelli. Par votre présence réceptive et les intentions que vous émettez de sortir rapidement de cet état de méprise pour entrer de pied ferme dans le renouveau, avec des rencontres nouvelles qui vont précipiter la chute de ce qui doit l'être et amorcer la remontée vers une Terre en paix et en restauration en tout.
Comme vous, humanité.
Vous aurez besoin de vous restaurer, de reprendre confiance en une possibilité de vie dans la joie et la tranquillité, et, pour cela, il vous est demandé de faire confiance.
À vous, à nous, à tous ceux qui tentent d'informer, de vous réveiller, de vous initier à quelque chose de plus que votre « lopin de terre » pour réaliser ce qui se passe de merveilleux au niveau du Cosmos tout entier est en train de se manifester : le renouveau des cœurs humains.
Laissez vos doutes loin de cet espace de réveil de toutes vos cellules vibrant à ces messages, et acceptez que, pour l'instant, beaucoup d'informations puissent vous échapper à un niveau quantique.
La certitude de ce Nouveau Monde à venir suffit à vous emmener dans cet espace de tous les possibles.
Vous êtes merveilleux quand vous osez vous aventurer hors du reconnaissable pour vous.
C'est sur ce terrain que vous allez nous rencontrer sous des formes auxquelles vous ne vous attendez peut-être pas.
Si la Planète Terre est peuplée de toutes sortes de présences

d'une multitude de dimensions et d'« espaces-temps » différents sous des formes humaines, vous êtes peut-être entourés d'« extra-terrestres » sans le savoir.
Et vous, qui êtes-vous ? Avez-vous une âme ?
Le jeu devient palpitant.
Tous à vos postes pour jouer à créer cette nouvelle réalité prête à imploser dans sa forme encore contenue en tous et en chacun.
À très vite.

LE PUZZLE SE RÉVÈLE

Pourquoi se sentir différent, mis à l'écart peut-être, impuissant à réaliser tel ou tel objectif ? Tout est dans le collimateur de la création. Tout se prépare à se « matérialiser », à être rendu visible, à se vivre.
Rien de ce que vous avez projeté ne peut rester ignoré, si cela a été fait dans la plénitude du cœur, dans l'étalonnage de la beauté qui illumine le monde.
Tout est expérience, et votre propension à vouloir vivre des situations lumineuses, joyeuses, ne vient pas d'un exode de l'imagination, mais d'un appel intérieur si puissant, qu'il ne peut pas ne pas se réaliser.
C'est votre réalité actuelle, chers humains.
Rendre visible l'étincelle d'Amour, de lumière, tapie dans la chambre du cœur, qui s'ouvre à de nouveaux possibles. Déployer sa puissance et créer des expériences nouvelles.
Tous les règnes sont aux aguets. Toutes les dimensions, les systèmes, les galaxies… sentent venir cette vague d'émanation si explosive, qu'elle va se déployer telle une comète ou un flash solaire, pour ne plus rien retenir de sa possibilité d'illuminer le Cosmos tout entier.
Chacun pourra se reconnaître et y reconnaître une forme

de libération de la puissance de la particule élémentaire de l'humanité rendue à sa plus belle mission : devenir le centre de la Création.
Pourquoi vouloir être le centre de la Création si chaque élément vivant est le centre lui-même de son propre univers ?
Parce que cela fait du sens de le décrire ainsi.
Acceptant cela, vous permettez que de nouvelles portes de révélations s'ouvrent à la conscience ou à l'esprit, selon l'interprétation des mots pour chacun.
Vous entrez ainsi dans une réalité non encore créée par cet Esprit qui évolue dans l'innovation et non dans la répétition ou la reconnaissance du connu.
Se rappeler qui vous êtes n'est pas un acte de retour au passé même très lointain, mais la manière de rassembler tout ce qui vous constitue. Cela vous donne cette particularité propre à l'humanité en devenir de se reconnaître unifiée et porteuse de tous les possibles expérimentés de l'Univers.
C'est comme si tout s'était rassemblé en ce moment sur votre Terre tant aimée pour en faire une synthèse brillante, un puzzle complet.
Toutes les pièces de l'expérimentation multimillénaire sont là, prêtes à reconstituer le puzzle de l'Unité.
Des êtres de toutes les dimensions, incarnées dans des corps physiques ou en présence énergétique, des puissances de l'ombre, des représentants de l'Intraterre, de tous les systèmes, de toutes les galaxies sont là.
Un ou des représentants de partout, des systèmes même les plus brillants, évolués, lumineux, avancés technologiquement, sont là pour accomplir l'unification, la reconnaissance que chacun a joué dans ce grand jeu, qui prend fin par la mise en lumière des règles tacites qui l'animaient.
C'est grandiose de vivre actuellement.

Cela mérite une gratitude infinie envers la vie, envers la Source, envers cette lumière révélée ou non en chacun, pour s'accorder et tous ensemble accomplir ce qui doit l'être, la mise en réseau de toutes ces puissances différentes, pour faire de cette terre la Terre promise qu'elle a projeté d'être au début de sa création.

Les temps sont là pour révéler ce qui habite le Cosmos tout entier, représenté sur la Planète Terre qui n'abandonne rien de sa fougue à être reconnue comme vivante elle aussi, abritant en son sein le Soleil central ou cristal de l'Intraterre, en connexion directe à travers le corps physique de l'humain restauré, avec le grand Soleil central de l'Univers.

Même si les mots ne sont pas dans l'exactitude que chacun a définie selon son point de vue et son vécu, l'énergie et la puissance ainsi déployées se rassemblent vers l'unification. Non pas seulement de l'humanité une et une seule, mais bien plus encore : le Cosmos qui se reconnaît comme une seule expérience qui touche à sa fin parce que révélée.

Chacun y contribue à sa manière.

Tout est bienvenu puisque tout participe de cette réunification des opposés, des différences, des antagonismes ou des similitudes.

En ce sens, personne n'a tort ou raison. Chacun participe à reconstituer le grand puzzle.

L'essentiel est de le comprendre pour amener sa pièce, sa vision, qui, si elle n'est pas présente, constitue une pièce manquante.

L'ombre donne le relief aux pièces plus lumineuses, plus « avancées », que nous qualifions de « hautes dimensions ».

Tout se joue maintenant au cœur du cœur de chacun qui s'enhardit chaque jour un peu plus à reconnaître sa beauté et sa grandeur multidimensionnelle et multimillénaire.

Tout est stocké là, œuvre précieuse à révéler au grand jour pour servir de miroir à la préciosité de l'expérimentation de chacun,

sans jugement, sans comparaison et sans dévalorisation.
Seulement avec la volonté de faire le choix de connaître et de vivre consciemment dans cette unité multidimensionnelle ainsi créée de chaque « pièce ».
Des étincelles de gratitude infinie jaillissent de chaque mot. Chacun y contribue par la mise en réseau que permettent les mots lus.
Merci.

RELIER

Relier, réunir, faire communiquer…
Quoi de plus normal pour le sens de la vie, le vivant, incarné ou non ? Pour tout ce qui existe, tout ce qui est nommé ou non.
Tout est inter-relié, tout communique.
C'est une réalité en soi, indiscutable, explicable par les physiciens quantiques à tous les humains.
De quoi parlons-nous actuellement avec toutes ces « intelligences robotisées » ?
De substituer cette reliance naturelle entre les êtres par des moyens artificiels, des puces, des antennes, des ondes, comme si la nôtre ne fonctionnait pas.
Mais, en vérité, c'est la reliance à notre cœur sacré, à notre intime atome primordial qui a été détournée, comme celle du Soleil central avec le cristal de l'Intraterre.
C'est ce qu'il faut conscientiser et chercher à rétablir.
La connexion naturelle à tout, propre à chacun, sans exception.
Mais elle a été détournée.
Comment redresser la barre ?
Comment induire que chaque humain puisse recommencer à communiquer avec son intériorité, la partie qui crée, sait donner et recevoir dans la beauté de l'échange, dans l'expérimentation

de la vie vers l'évolution – ce que nous sommes venus faire sur cette Terre.

Se relier au Tout, communiquer avec l'invisible est permis quand vous vous positionnez dans la connexion avec le Cristal du centre de la Terre par le bas, et avec l'énergie du Soleil central par le haut, le sommet de la tête.

Le simple fait de l'imaginer restaure l'axe, permet d'être centré et de sentir l'énergie circuler.

Pour ceux qui ont l'habitude, cela devient un état d'être. Pour ceux qui ne l'ont jamais imaginé, il n'y a rien d'autre à faire que d'essayer.

Sans commentaires, sans jugements, sans attentes.

Cela se fait tout seul, il suffit d'en avoir l'intention.

C'est comme ouvrir un robinet.

Vous ouvrez, vous buvez et vous êtes hydraté.

L'eau circule dans le corps. Avez-vous fait quelque chose ?

Non. Ouvrir, boire.

Pour l'énergie, la vibration, il peut en être de même. Vous vous connectez au centre de la Terre par les pieds, et à la lumière par la tête, une colonne. C'est tout, et vous absorbez.

Ainsi, vous êtes relié, à la Terre, au Ciel, à tout l'Univers, à toutes ces forces qui vous entourent et vous soutiennent.

Y avez-vous mis des mots ? Non, aucune définition, catégorisation, mentalisation, appartenance. Rien… seulement installer la connexion dans l'instant et, par là-même, nourrir le cœur qui est le passage, le lieu de concordance et d'émanescence.

Mettez-y le mot « Amour » et l'énergie intégrée se propage comme une onde bienfaisante, pacifiant ce qu'elle rencontre, la matière altérée.

Vous embellissez le monde en faisant votre part de création.

C'est simple, c'est ainsi.

RECONFIGURATION

Ces soulèvements de la masse critique à l'égard de ses droits et de ses devoirs nous paraissent de très bon augure et alimentent cette période de renouveau en tout, tant annoncée.

Pour les droits, la plupart d'entre vous les ignore tant ils ont placé leur confiance en des systèmes qui ressemblent à de la démocratie.

Pour les devoirs, en notre sens, ils ne sont ni religieux, ni moralisateurs, ni inhibiteurs de liberté individuelle, mais ils doivent être pris dans le sens de se respecter.

De respecter la vie qui vous anime et vous porte vers de nouvelles façons de la concevoir, de la sentir, de la comprendre et, par là-même, de la déployer.

Là où règne le respect de soi règne le respect de l'autre, de ses différences, de ses faiblesses comme de ses forces, si elles sont mises au service de la collectivité et non pas au service de cette escalade de distinctions qui vous donnent le sentiment d'exister en tant qu'humain terrien.

Ou pas, si vous ne vous distinguez pas.

Vous n'avez pas à vous blâmer ou à vous sentir offusqué de cette situation, vous avez à constater.

À considérer si vos activités, vos projets, votre intelligence sont mis à contribution pour améliorer l'ensemble, le sort de l'humanité et de la Planète Terre ou, à l'inverse, les soumettre sous des diktats autoritaires et constitutifs d'une mise en esclavage des compétences et des intelligences.

Dans certains pays, ce sont les ressources physiques de quantités d'humains que l'on utilise comme main-d'œuvre dans des camps destinés même aux jeunes enfants, pour produire des objets de consommations, des vêtements ou autres, dans des conditions irrecevables pour le respect de la dignité humaine.

Pour ce qui est de l'intelligence, de la vivacité d'esprit, de

l'éducation, il en est de même dans de nombreuses contrées dites « civilisées ». Là, les humains ne sont pas parqués dans des camps, mais dans des « open-space », où ils sont pillés de leur matière première au service d'un système qui rapportera de grandes mannes à ceux qui en détiennent invisiblement le fouet, un tout petit groupe.
Et pour beaucoup d'entre vous, c'est jusqu'à ce que vous appelez « burn-out », dépression, que vous êtes prêts à aller avant de vous apercevoir que le système que vous servez n'est pas en faveur de l'humanité et de son évolution, mais en faveur de quoi ? Et de qui ?
Vous êtes-vous posé la question ?
Nous le répétons, vous n'avez pas à vous blâmer de cette situation, mais vient le grand moment où vous devez prendre vos responsabilités, cesser de faire l'autruche et mettre votre intelligence ou votre simplicité au service du changement, des projets à venir, même si vous en ignorez encore les contenus, et, principalement, de vous-mêmes pour être prêts le moment venu.
Prêts à quoi ?
À faire partie de ceux qui comprennent les enjeux qui se profilent et à mettre votre ingéniosité pour déployer, sous la forme qui sera la vôtre selon votre champ d'activité, toutes les nouveautés qui doivent nécessairement faire partie de vos vies, de ce Nouveau Monde en plein accouchement.
Ne tardez pas. Abordez les sujets que vous n'avez jamais voulu regarder en face.
Laissez sur la table de nuit les somnifères et anxiolytiques symboliques que sont vos conditionnements, le musèlement de votre curiosité, votre manière de juger, de classer immédiatement, et accordez la juste place pour toute la diversité que vous trouvez par vos « objets connectés », celle qui va faire de vous soit un

robot dévitalisé, soit un humain à part entière, parce qu'il sait ce qui se trame derrière son dos ou dans le Cosmos.
Commencez par développer la conscience pour ce qui concerne votre vie proche, sinon nous vous perdrons en route. La connexion avec l'invisible se révélera à mesure que vous admettrez son existence à vos côtés, sans appréhension aucune.
En ce jour, posez-vous la question avec révérence à l'égard de qui vous êtes vraiment : êtes-vous à la juste place et dans la bonne attitude dès le moment où votre compréhension des enjeux cachés se révèle à vous ?

GRANDE NOUVELLE

Nous sommes au rendez-vous ce matin pour vous annoncer une grande nouvelle.
Bonne ou mauvaise ?
Pouvez-vous voir combien vous êtes conditionnés à recevoir des mauvaises nouvelles et à vous inquiéter pour l'avenir ?
C'est à ce parfum que vous avez été apprivoisés, humanité en voie de retrouver votre force et votre puissance.
On vous a lobotomisés pour accorder du crédit à ce qui vous dessert en vous le présentant d'une manière trompeuse, mensongère... la pomme de Blanche-Neige.
C'est un peu comme si tout avait été inversé et, quand on vous annonce une bonne nouvelle désormais, vous vous sentez comme pris au piège avant d'être capturé, pour on ne sait quel sort démoniaque.
Parler des extra-terrestres, des aliens, des autres civilisations... pour prendre des mots qui vous sont habituels, c'est un peu la même chose.
Vous vous remémorez immédiatement, pour certains, des séquences de film, des cauchemars d'enfant, des récits

tragiques, des histoires d'enlèvement, d'esclaves sur d'autres planètes et vous préférez vous tapir dans le recoin de votre solitude, plutôt que de risquer d'être vus... et repérés par des forces sombres !
Détendez-vous, chers amis, nous le répétons, vous n'avez rien à craindre, au contraire.
Nous vous l'annonçons, nous sommes de plus en plus proches, parce qu'une grande partie de l'armement présent sur votre Terre a été neutralisé.
Nous prenons ainsi moins de risques à vouloir vous approcher pour vous permettre de respirer notre essence de bienveillance à votre égard et, surtout, oui, surtout, de joie à l'idée d'être acceptés par vous.
Imaginez-vous vous présenter à la porte d'une personne très chère avec un bouquet de roses magnifiques et vous voir refuser l'entrée ? Parce que celle-ci a peur qu'il soit peut-être dangereux, qu'il cache quelque chose.
Que diriez-vous ? Pourriez-vous comprendre cette attitude ?
Il en est de même pour nous. Nous sommes là, à vos portes, et nous reconnaissons dans la vibration que beaucoup d'humains sont terrifiés à l'idée de nous rencontrer.
Que faire ? Que feriez-vous ?
Nous vous posons la question : que pouvons-nous faire pour vous remettre symboliquement ce merveilleux bouquet que nous cultivons pour vous depuis si longtemps ?
Non pas pour vous prendre quelque chose, pour marchander, pour signer des pactes ou vous enlever pour des expériences monstrueuses.
Nous ne parlons pas de films de science-fiction. Nous parlons d'une nouvelle réalité en cours.
Nous sommes là pour vous, pour vous offrir nos présents, notre amour, notre joie des retrouvailles.

Quel risque pourrait-il y avoir de plus que ce que vous vivez déjà sur votre planète, où toute liberté vous est confisquée ?
Lancez-vous... Dites oui.

DES MILLIONS DE GOUTTES D'EAU

Vous êtes nombreux à nous suivre maintenant. Pouvez-vous réaliser que lorsque nous vous touchons au plus profond de vous, c'est une part de nous-mêmes que nous touchons ?
Nous sommes votre passé, votre historique, vos voyages dans les différentes vies et les différents espaces-temps.
C'est passionnant de voir les choses ainsi, non ?
Vous faites partie de ceux qui écrivent ces messages.
Comment le comprendre ?
Comment le valider ?
Par le cœur, par la joie que vous ressentez à voir la vérité fleurir partout, fermant la porte à l'endormissement, à l'ignorance, à la solitude. Votre âme a soif du réconfort de sa famille d'ailleurs.
Oui, votre âme a soif du réconfort de sa famille d'ailleurs, soif de renouveau et soif d'espoir.
Celui qui touche au plus profond de soi parce que l'on sait que c'est là que cela vibre, que quelque chose d'important, d'essentiel est en train de se produire.
Vous allez voir fleurir sur votre Terre le germe de la conscience collective, qui a mis du temps à lever. Mais là, d'une seule voix, vous pourrez constater que ce sont tous vos frères et sœurs terriens que vous entraînez dans le grand réveil par votre travail à tous, les réveillés, chacun étant aussi essentiel que l'autre.
C'est l'accumulation de gouttes d'eau qui fait l'océan.
En ce jour, par les vérités qui se faufilent partout, ce sont des millions de petites gouttes qui ont soif de se reconnaître comme faisant partie du grand Tout.

D'où nous regardons, c'est somptueux à contempler.
À très bientôt.

HUMAINS

Les temps sont difficiles pour les relations humaines, pour chacun, pour trouver sa place dans ce monde où « tout fout le camp », pour savoir qui vous êtes dans ce qui reste de vos personnages et trouver des certitudes sur ce que vous allez devenir dans tous les domaines.

Le temps est donc encore à la pause, à la maturation, à la fréquentation intérieure, celle qui vous donne des ailes parce qu'elle vous porte dans des mondes non pas mentaux, mais accessibles par la présence, par cette habitude de se concerter, de vivre avec soi-même, de ne pas penser la communication avec d'autres dimensions, d'autres entités, mais de la vivre.

Celle-ci s'enrichit chaque jour un peu plus pour qui sait ne rien attendre, développer ce langage silencieux qui se nourrit de frémissements de joie, de confirmations par une sorte de contentement que l'on reconnaît petit à petit, qui que l'on soit.

Cela ne se fait pas forcément par de grandes signalisations, des mots entendus, des visions claires et certaines. Non, communiquer avec l'invisible qui vous habite de toute façon se fait dans la légèreté, la tranquillité de ne pas vouloir être plus (ou moins) que quelqu'un d'autre. Juste redécouvrir que vous êtes humains et extra-terrestres en même temps.

Oui, ce sont des mots que vous pouvez utiliser.

Vous êtes d'origine extra-terrestre, Vous vivez ici et ailleurs, sur d'autres planètes, dans d'autres systèmes, dans l'Intraterre en même temps.

Pourriez-vous dire que vous êtes « fragmentés » ?

Retrouver l'unité en soi, c'est d'abord vous départir de ce que

vous croyez savoir de vous-même, pour ensuite vous laisser gagner par l'inconcevable, que vous saurez reconnaître si vous vous laissez faire, si vous vous laissez visiter par des formes de vie autres.
C'est à la portée de chaque humain en devenir de qui il est vraiment.
Beaucoup de personnes le vivent déjà, mais la plupart n'en parlent pas.
C'est l'humain du Nouveau Monde commençant à se déployer sur cette Terre, qui se libère elle aussi du rôle dans lequel elle a été enfermée, et communique.
Il n'y a pas d'avancement dans le monde du Nouvel Humain, seulement l'envie de partager et de se reconnaître comme faisant déjà partie du voyage, dans l'Amour.

CONCOMITANCE

Il nous sied d'utiliser ce terme, parce qu'il signifie que nous sommes en relation et que vous commencez à intégrer dans vos vies nos présences significatives, qui corroborent ce que nous vous donnons comme explications dans ce Dialogue avec le Cosmos.
Vous pouvez commencer à vous familiariser avec notre langage qui s'adapte au vôtre, nous permettant ainsi de nous insinuer dans vos vies, non pas pour en prendre le contrôle, vous pouvez en être certains, mais pour célébrer les retrouvailles de la grande famille cosmique.
Cela s'annonce grandiose en termes de joie et d'effusions de toutes sortes, qui vont se produire pour chacun dans des modes de perception cependant très différents selon les « étages » de la création.
Parler d'« étages » ne signifie pas que certains soient plus en

vue que d'autres. C'est simplement pour vous démontrer que les réalités sont différentes selon le type de forme que la vie permet d'expérimenter : énergétique ou matérialisée, ou entre deux.
Que signifie « entre deux » ?
Être pourvus de la capacité de prendre une forme d'apparence humaine pour nous manifester dans la matière à la vue de chacun, d'accomplir ce qui doit l'être, puis de repartir.
Cet acte nécessite de grandes capacités, car il est contraignant pour nous de chercher à vous atteindre par une forme qui vous ressemble.
Cela est coûteux en termes de vibration, c'est comme si nous nous consumions en essayant de nous matérialiser pour vous ressembler.
Nous devons faire des efforts « surhumains », c'est bien le cas de le dire, pour nous permettre d'entrer dans votre atmosphère terrestre et y séjourner pour un temps non définissable de notre point de vue, mais certainement contraignant dès lors que nous subissons votre attirance gravitationnelle.
C'est la raison pour laquelle la plupart des dimensions ne prennent pas de formes physiques, dans ce que vous appelez « matière » et participent à tout ce grand jeu de manière vibratoire, énergétique.
Pour ceux qui participent depuis des niveaux plus proches de votre matérialité, nous peuples de l'Intraterre, cela se pose de manière toute différente.
Vous avez à le découvrir ou redécouvrir, pour ceux qui viennent de là et ont endossé un corps physique afin d'accomplir leur mission dans ce grand plan de sauvetage de l'humanité.
Tout est décrit ici dans des mots qui tentent de transgresser la barrière fractale de la non-mentalisation des choses, pour mieux

vous faire comprendre qui nous sommes et ce qui nous pousse à entretenir une relation avec votre intériorité.
Au fur et à mesure que celle-ci se développera, il vous sera de plus en plus facile de nous capter, et même de nous recevoir dans des formes purement énergétiques, un peu comme des « fantômes », pour vous aider à l'imaginer.
Nous serons là, comme nous le sommes déjà pour certains d'entre vous, à participer à des entretiens où chacun peut apporter le point de vue de la dimension d'où il émet. Nous pourrions dire d'où il vient, mais ce terme n'est pas approprié puisque, d'une certaine façon, il n'y a pas de déplacement.
Tout est dans tout, donc tout est vibrant dans l'instant présent.
Pouvoir l'entendre vous pousse à faire un saut quantique dans l'évolution de votre compréhension et nous permet toujours davantage de collaborer avec chacun, afin qu'il prenne la mesure de ce que cela permet.
Vous peinez encore à le réaliser, mais laissez-vous porter agréablement par le courant de renouveau de la vie. Elle vous enchantera par les merveilles que peut apporter la conscientisation de nos présences.
Nous vous le répétons, nous sommes vos frères et sœurs de lumière et là, à vos côtés, dans l'amour infini pour tout ce que vous acceptez d'entreprendre au-delà de la facilité qu'offre le connu.
À très bientôt pour la suite de nos pérégrinations cosmiques.
Vos amis de la non-matérialité.

DÉCHIFFRAGE

Le déchiffrage de certaines notions n'est pas à négliger et il devient important que vous passiez du temps à tenter de décoder ce que nous vous demandons et ce que nous vous apportons.

Vous semblez baigner dans la quiétude que d'autres fassent le travail pour vous, mais c'est à chacun de vous, chers humains, de commencer à décoder les synchronicités, les signes que nous mettons sur votre route, quel que soit votre niveau d'évolution.

Bien sûr, certains ont de grosses responsabilités et d'autres s'occupent de leur escarcelle de vie, ce qui est déjà beaucoup en soi, réalisez-le.

En effet, si chacun s'affaire à découvrir la puissance intérieure qui l'habite en faveur du grand changement vers l'évolution de la science et de la conscience globale, imaginez quel poids vous donnez à la création de la nouvelle réalité.

Certains nouveaux « évolutionnaires » dans différents pays tentent de créer de nouvelles formes de gouvernance, de les rajeunir, de récupérer le droit à la souveraineté du peuple.

Il est nécessaire, pour ce faire, qu'ils observent si eux-mêmes ont décodé le minimum de base de l'existence de la conscience.

En effet, il nous est difficile de les atteindre s'ils sont réticents à inclure dans leur périple la notion de notre existence pacifique.

Se mouvoir dans le champ de tous les possibles peut permettre d'apporter de nouvelles formes de gouvernance, d'attirer à soi des humains dans le désir de retrouver leur liberté essentielle, dont le doit de savoir qui ils sont.

Ces personnes bien intentionnées réalisent-elles que les présidents, ou ceux qui ont réellement en coulisse la direction d'un pays ou même de la planète, sont déjà en contact avec des entités externes à la Terre-Mère ?

Quelle qu'en soit la couleur, il s'agit, dans un premier temps, de le reconnaître et d'en faire une réalité que l'on prend en compte.

Alors, chers amis qui souhaitez transformer la gouvernance de vos pays pour la rendre au peuple, intégrez dans vos programmes à venir des invitations pour des formes inédites en tout.
Lâchez-vous, dépassez le mur du son de vos certitudes pour aller vers de nouveaux espaces dépoussiérés, pétillants, pleins de promesses.
Ouvrez les yeux sur vos visions limitantes et envisagez le plus audacieux qu'il vous soit possible d'imaginer : nous inviter à votre table de réflexion.

CONSTRUIRE POUR LA POSTÉRITÉ

Ce jour n'est pas comme les autres, car il entérine, au niveau du Cosmos, sans que vous soyez au courant, le départ officiel du Nouveau Monde, de la Nouvelle Humanité.
Que signifie cette missive qui pourrait se donner des airs succulents pour attirer l'attention ?
Il n'en est rien, chers amis, cela signifie simplement et ouvertement que le nombre de personnes « réveillées » sur votre Terre a dépassé le seuil nécessaire. C'est avec joie que nous pouvons le déclarer et le remettre à la postérité, à vos descendants.
C'est en effet à eux que vous avez des comptes à rendre malgré vous et c'est à eux que, finalement, vous remettrez très certainement une planète restaurée, respectée et adombrée par votre intériorité retrouvée.
Il ne s'agit donc pas de faire des déclarations qui n'auraient aucune validité dans la matière, mais bien pour vous de réaliser que le travail de réveil se fait et va porter ses fruits.
Vous n'en êtes pas encore à la récolte, car tous les processus sont en cours et demandent beaucoup d'attention.
Parez-vous de vos plus beaux atours pour accueillir les bonnes nouvelles, ne laissez pas la grisaille ternir la beauté du paysage qui commence à se dessiner.

Tel un artiste, l'humanité accomplit sa plus grande œuvre, celle de se réveiller collectivement pour évacuer tout ce qui ne lui sied plus sur son passage dans un nettoyage massif, dont elle a grand besoin.
L'heure est aux découvertes de ce qui a changé, aux projets multiples et joyeux pour la communauté tout entière.
Les sceptiques ont raison de l'être de leur point de vue. Les précurseurs labourent inlassablement la Terre pour les autres et ont semé ce qui produira une récolte fructueuse... pour les cœurs, pour les corps et pour l'Univers tout entier.
Tous à vos postes pour accomplir le « Grand Œuvre » : la découverte de qui vous êtes et de ce dont vous êtes capables, tous ensemble en réalité.

FEU ARDENT

Nous sommes à ce point de déliquescence où tout peut encore basculer d'un côté ou de l'autre.
C'est la grande interrogation planétaire qui demande à chacun d'être centré, de prendre position non pas sur ce qu'il croit qui va arriver, mais sur ce qu'il souhaite voir advenir de vos droits, de vos libertés fondamentales, de vos souhaits les plus chers pour vous-mêmes et pour l'humanité tout entière, réunie en une seule grande fraternité.
C'est à ce prix et à celui-là seul que vous allez pouvoir sortir de cette grande fournaise dans laquelle vous vous débattez et qui vous amoindrit jour après jour de vos droits les plus élémentaires.
Soyez très attentifs aux faits, oui, ceux de votre réalité 3D, mais intégrez rapidement dans votre système de vie et de pensée que vous êtes les instigateurs de la réalité à venir.
Si vous maintenez cette conviction que le « non-meilleur » est à venir, c'est ce que vous propagez comme ordre, comme commande.

Chaque mot compte.
Soyez attentif à cette évidence : vos mots, votre pensée, vos croyances ordonnent votre réalité individuelle et collective.
Comment se comporter alors ?
Comment dénoncer, remplir sa mission de réveilleur, tout en ne favorisant pas une réalité hostile à l'humanité ?
En observant votre taux vibratoire, votre état d'esprit, votre confiance intérieure.
En regardant objectivement la gravité de la situation avec une certaine distance, tout en continuant à créer le Nouveau Monde pour le Nouvel Humain que vous êtes devenu.
Voir la vérité, se soucier de ses pairs, se préoccuper de l'état de la Planète Terre, signifie que vous faites déjà partie de ceux qui ont la faculté de créer la réalité.
C'est simple, c'est ainsi.
Il est plus aisé pour quelqu'un qui vibre à des fréquences élevées, lumineuses, d'attirer les bonnes synchronicités, à une échelle même très importante, que pour quelqu'un qui vibre encore dans des préoccupations très individualistes comme commander une voiture « de rêve » ou gagner à la loterie.
Ceci ne fonctionnera pas. Ce n'est pas ce dont nous parlons.
Créer sa réalité et la réalité à venir pour la vie sur Terre dépend de votre faculté à vous relier, à faire partie de cette énergie qui unifie tout, communique, reçoit et envoie des informations grâce au corps physique qui devient « corps de lumière ».
C'est ce que beaucoup d'entre vous font déjà à leur insu. Conscientisez-le et utilisez cette puissance créatrice qui vous est donnée.
Il n'y a pas de risque, puisque cela fonctionne pour le « meilleur », pour chacun, pour l'évolution, dans la beauté de la vie.
Œuvrez.
Œuvrez au quotidien. Informez sans terroriser.

Et surtout, oui, surtout, enveloppez toute situation, même catastrophique en apparence, d'un faisceau de lumière.
C'est dans ces endroits qu'elle est le plus nécessaire.
L'obscur est une absence totale d'Amour, de lumière.
C'est ainsi que vous contribuez le mieux à transmuter la réalité en faveur de l'humanité tout entière.
Et c'est à la portée de tous, sans exception.
Allumez, éclairez, embaumez, visualisez... et observez. Le résultat, votre état, vos intérêts, votre certitude que ce n'est que le meilleur qui peut maintenant se déployer sur votre Terre tant aimée des autres dimensions.
Comme vous, chers humains.

FINEMENT

En ce jour, nous vous signalons, chers humains, que le temps de la réconciliation des contraires est enfin arrivé.
En effet, le yin rejoint le yang.
Le masculin retrouve sa capacité à œuvrer d'entente avec le féminin.
L'Univers entonne un chant à la gloire de la beauté de la vie en chacun et en chacune, quels que soient son parcours et ses motivations.
Le concevoir permet de pacifier une multitude d'ondes. Celles-ci se propagent, annonçant ainsi la bonne nouvelle.
Cela se produit dans ce grand rassemblement de plusieurs milliards d'humains, ici présents, pour percevoir le tableau final de ce grand cycle qui semble avoir duré une éternité et est, en fait, l'expérience d'une réalité, celle de la troisième dimension.
Nous pouvons ressentir la beauté de voir ce « jeu » se terminer pour en initier un nouveau, celui de l'Humain créateur de sa réalité, sur une Terre bien-aimée, au service de ce nouveau plan.

Celui qui inaugure de belles expérimentations de la « matière ».
« Matière », qui est de la lumière en expansion dans un corps physique éclairé par la conscience.
Cela donne à l'humanité cette dimension toute particulière qui lui permet de déployer ce nouveau plan.
Le temps est donc venu de reconsidérer totalement le rôle du « corps physique », et d'admirer sa possibilité de refléter tout l'Univers, tel un hologramme du grand Tout.
Par le miracle de la conscience qui découvre le rôle essentiel et primordial de l'atome primordial logé au cœur du cœur.
Ce mot « atome » peut être reconsidéré dans toute la beauté de ce qui l'habite, de toutes ses potentialités, de sa merveille de fonctionnement et de la puissance qui s'en dégage, une fois qu'il est reconnecté aux forces extérieures.
Celles-ci sont les maîtres de ce fonctionnement : le cristal de l'Intraterre et Alcyone, le grand Soleil central.
Il vous reste, humains, une multitude de merveilles à découvrir sur qui vous êtes réellement et ce que vous permettez par la puissance de cet atome qui est votre bien le plus précieux.
Les temps à venir seront grandioses de révélations plus merveilleuses les unes que les autres.
N'omettez pas d'être curieux.

MARQUEUR

Quand tout semble perdurer dans l'incertitude ou l'immobilisme, l'idée d'un marqueur incorporé au corps humain creuse un fossé immense.
Un marqueur est quelque chose qui laisse des traces, permet de suivre, voire de poursuivre.
Faites-vous partie de ceux qui veulent être « tracés » dans leur ADN de manière indélébile ?

Ou vos enfants, vos parents, vos amis les plus chers… ?
Pourriez-vous imaginer un instant qu'il s'agit là de manipulation génétique que l'on essaie de vous faire passer pour un vaccin, ou que l'on peut introduire de manière insignifiante dans le corps à votre insu ?
Vous reste-t-il un dernier sursaut de lucidité pour vous réveiller de ce grand cauchemar, qui a consisté à vous endormir progressivement, à neutraliser toute tentative de réactivité, et à vous faire devenir par là-même ceux qui attentent à leur propre vie et à celle des autres, sans en avoir l'air ?
Comment ?
En étant parmi ceux qui appliquent les directives, ceux qui contrôlent, ceux qui dénoncent, ceux qui pratiquent sans remettre en question.
De même que la fragmentation de l'atome a été quelque chose de déterminant en termes de gravité pour la vie, la possibilité de vous « tracer » à travers des vaccins est tout aussi sérieuse.
Alors ne soyez dupes d'aucune manière de tout ce qui se joue.
Réveillez-vous !
Même si cette expression est devenue presque inutile pour ceux qui n'ont pas pris conscience de la valeur d'une vie libre, elle vient néanmoins marteler la réalité de certains, par la succession de petites missives venant de partout, de la part de ceux qui n'ont jamais rien lâché pour leurs frères et sœurs humains.
Plutôt que de continuer à tenter de les ignorer, voire de les agresser, pourriez-vous observer leur esprit de fraternité ?
Ils sont comme celui qui se jette à l'eau dans le courant pour sauver un petit chiot qui se noie.
Ils vouent tout leur suc à tenter de démontrer dans quel jeu absurde l'humanité s'est auto-piégée.
C'est le rush final, vous le savez.
Alors, quel choix faites-vous aujourd'hui ? Le même qu'hier ?

Être votre propre fossoyeur ou votre propre réveilleur ?
Personne d'autre que vous-même ne peut entreprendre cette démarche d'authenticité envers la beauté d'une vie libre.
À vous de trouver la passe, la clé pour sortir de votre propre piège et être en mesure de participer à ce Nouveau Monde d'humains libres.

MULTIPLICITÉ

Quel bonheur de voir se déployer le résultat de nos efforts conjoints, vous en nous, nous en vous, une et une seule entité qui dévide la bobine du temps pour se retrouver dans le non-espace-temps, là où tout se joue, tout se fomente et tout se prépare pour le meilleur à venir.
Nous sommes à l'aube de ce grand lever de soleil intergalactique, celui qui va signer non seulement la paix sur Terre, mais aussi dans les multivers.
Comment est-ce possible ?
Par le fait que vous êtes, vous, terriens, les maîtres du jeu, ceux qui sont en capacité de recréer des Univers à partir de votre cellule primordiale.
Oser le déclarer peut sembler de la pure hérésie, pourtant, c'est lorsque vous vous prêtez au jeu que vous réalisez que vous faites partie de ceux qui créent la réalité. Capacité qui est donnée à chaque humain ayant recouvré le sens de qui il est vraiment et de ce qu'il a à accomplir.
C'est pour cela que vous êtes si précieux, vous, humains, et la Terre qui vous porte.
Vous êtes, globalement, une pièce maîtresse du jeu, et cette faculté vous a été confisquée par ceux qui n'avaient pas, en des temps très reculés, cette possibilité.
Il a fallu pour cela modifier votre ADN afin de vous rendre

moins opérant, ce qui a été produit par des croisements et des manipulations génétiques.
Le voile se lève.
Le travail de transmutation consciente de l'ADN a été réalisé par beaucoup, c'est la raison pour laquelle vous avez maintenant des méthodes, les capacités de le faire pour vous-mêmes ou pour d'autres.
Ne reculez donc pas devant votre grandeur. Celle-ci ne parle pas d'ego, mais de sens de la reliance et du sacré.
C'est lorsque vous êtes connecté au plus grand en vous-même, à votre atome primordial, que vous êtes en mesure de littéralement « fabriquer » les synchronicités qui sont les signes de votre communion avec votre aspect multidimensionnel, la Source, le Un.
Appelez-le comme vous le souhaitez, chacun en tant qu'individu ou en tant que regroupement d'âmes. L'essentiel est de n'aller d'aucune manière dans la division, mais bien de rester chacun avec ses spécificités dans un plan d'évolution et de connexion au Tout.
Le nommer « Lumière », « Amour », « énergie créatrice » comme « devanture » n'appelle aucune fragmentation.
Pour avancer sur ce chemin de récupération globale de la capacité de faire communiquer entre elles les dimensions, parlez à votre ADN.
Rendez-vous sa fonction.
Vous n'êtes qu'au début de la découverte de ce qu'il est et de ce qu'il permet.
Sortez des connaissances acquises pour entrer dans votre multidimensionnalité ressuscitée.
Le Nouveau Monde se crée. Vous en êtes les artisans.

AUTO-CONNEXION

Bonjour, réalité...

Laquelle ? Celle que vous tentez de cultiver au quotidien, la vôtre, ou celle qui est imminente, l'annonce par vos médias officiels rendus libres de toutes les malversations qui ont été opérées sur votre planète et sont encore actives en détournant votre attention de manière fine et subtile pour que vous ne découvriez pas le pot aux roses, la vérité ?

Ce qui signifie que vous vivez encore dans l'affaiblissement inhibiteur de votre capacité à créer la réalité. Cela agit comme un voile ou une eau trouble, vous ne voyez qu'à moitié et, pendant ce temps, on vous dérobe tout, votre temps, votre argent, votre liberté, votre santé, vos droits les plus essentiels et, surtout, votre joie de vivre.

Le sens de la vie vous est enlevé, vous ne comprenez plus, vous êtes perdus pour beaucoup.

Quand votre conscience est sous le monopole de puissances non identifiées par vous, vous leur cédez votre pouvoir, votre énergie, votre force de vie.

Quand vous êtes éveillés à cette vérité, vous ne changez pas le monde d'un coup de baguette magique, mais vous collaborez chacun à votre manière. Vous n'êtes plus dupes, vous êtes en mesure de constater les montages destinés à minimiser votre liberté et votre bien-être dans tous les domaines.

Vous ouvrez les yeux, vous vous posez les vraies questions, vous enquêtez par vous-mêmes et pour les autres.

Le fait que cette réalité de contrôle atteigne tous les domaines, jusqu'aux plus privés, pourtant si proches de vous sous le couvert de non-vérités institutionnalisées, amène chaque humain, tel un fruit qui tombe de l'arbre, à prendre conscience que quelque chose ne fonctionne pas. Cela démange comme une « puce à l'oreille » qu'on ne peut ignorer.

Le temps du « grand réveil collectif » approche, par de l'éclaircissement massif, tel un tsunami de lumière. Non pour encore faire peur avec de l'information manipulée et sensationnelle, mais par des vérités authentiques, choquantes et vérifiables par des images ou des enquêtes non dissimulées, qui donneront comme une claque soudaine à beaucoup d'humains.
Accordez-vous donc à réclamer de l'information vraie, celle qui patiente sous le boisseau, attendant le signal de la part de l'humanité, son accord intérieur à ne plus patienter que tout le monde soit prêt.
Pour ce faire, vous orientez naturellement le faisceau d'Amour qui vous habite sur les moyens de conditionner : radio, tv, journaux, ordinateurs… et vous réclamez sans relâche de l'authenticité.
Ne minimisez pas l'impact d'un tel acte.
Il est susceptible d'illuminer les informations par l'intention. La vibration prend en charge la réalisation.
C'est ainsi que vous créez votre réalité et celle du collectif, en collaborant à partir de votre coeur aimant.
Il n'y a pas de risque à se prêter au jeu. Viendra le temps de la validation de votre confiance en vous-mêmes.
L'acceptation de vos nouvelles réalités vibratoires ne se fait pas sans tergiversations de votre part. Vous êtes « coriaces ». Vous vous aimez à résister et ainsi à tenter de défier ce qui pourrait se présenter comme du renouveau pour vous, un nouveau souffle, le souffle de l'Éternité en vérité.
Comment ce souffle peut-il s'immiscer dans votre respiration pour vous allécher, en quelque sorte, à son parfum intime, celui qui initie la vulnérabilité au sacré au fond de l'être ? Tomber en Amour pour un effluve, un courant, un émerveillement pour le rien, le non-nommé, le non-définissable, cette essence qui vous habite au-delà de toute réalité, de toute tentative de la circonscrire.

Vous êtes habités. La beauté vous donne vie, le sacré vous enchante.
Pourquoi en avez-vous tant été privés, alors qu'il suffit de s'assoir en sa propre présence pour se laisser ravir ?
Certains d'entre vous vivent déjà cette magnificence de se sentir animés du sacré.
Ils ne se distinguent pas des autres, ils ne cherchent pas à être identifiés, ils propagent chacun à sa manière.
Oui, l'Amour, la vibration suprême est contagieuse.
Elle se répand, elle bonifie, elle embellit... Le monde, la vie des autres, des règnes différents. Elle perpétue la beauté intrinsèque de la Source qui contemple son déploiement dans une multitude de formes et d'expériences.
Le reconnaître est le cadeau que vous vous faites à vous-mêmes.
Il est le fondement du monde à venir, le Nouveau Monde que vous souhaiteriez tant voir se déployer dans votre expérimentation sacrée de la vie.
Un monde où le véritable Amour a recouvré sa place.

LE CŒUR EN FÊTE

Que pourriez-vous attendre qui vous mettrait le cœur en fête ?
Quelle annonce, quelle révélation, quelle découverte majeure pour l'humanité pourrait mettre fin en ce jour au confinement de vos croyances et de vos conditionnements ?
Que pouvez-vous espérer d'essentiel dans votre vie qui peut vous mettre en état de joie ?
Une joie indicible, profonde, exaltante... une joie sacrée.
Êtes-vous en mesure de vous rappeler que la joie ne dépend pas des circonstances extérieures, mais de votre façon de regarder la vie, de vous mouvoir dans les espaces de vos croyances, de votre mental assiégé par des diktats ?

Pouvez-vous réaliser que la joie est là à partir du moment où vous prenez conscience que rien ni personne ne peut vous empêcher de voir ce qu'il y a de plus beau à l'intérieur de vous-même : le cœur aimant ?
Qui pourrait le faire taire ?
Qui pourrait l'humilier davantage, si ce n'est vous quand vous l'autoriser ?
Rien ni personne ne peut vous enlever la liberté de penser, d'aimer, de créer votre réalité à partir de ce que vous avez de plus précieux : votre cœur aimant.
La puissance dégagée par un cœur aimant est magistrale.
Elle ne laisse rien indemne sur son passage.
L'Amour peut créer des raz-de-marée de transformations véritables au profit de l'humanité tout entière réunie en une seule interrogation à ce jour : qui va l'emporter ?
L'ombre ou la Lumière ?
Avez-vous déjà observé l'effet d'une petite bougie dans une cave obscure ?
Pouvez-vous vous rappeler que, lorsque vous allumez une flamme, l'obscurité recule, tout simplement ?
Avez-vous à la combattre ? Non. C'est la bougie qui fait son travail.
Il en est de même pour vous, humains. Au stade actuel, vous n'avez pas à combattre l'ombre, les gouvernements néfastes, les gens très sombres qui peut-être vous entourent. Vous avez à allumer votre bougie personnelle, votre flamme intérieure, qui est là de toute façon, n'en doutez pas.
Et là le miracle peut opérer. L'ombre se révèle, elle est vue. Et, fait simple et évident, elle s'éloigne.
L'essentiel est donc de constater que lorsque vous allumez votre lumière, votre soif de vérité, votre confiance en votre capacité à orienter les événements par votre intention de ne plus vous

mouvoir sans votre bougie, l'amour tapi au fond de vous, vous éclairez le monde et l'ombre diminue.
Pensez-y.
Le cœur en fête.

RÉVEILLÉ OU DORMEUR ?

L'heure est encore à la concertation.
Parmi les décideurs, dans les foyers, dans vos consciences.
Tout, oui, réellement, tout est remis en question, et nécessite de l'être si vous voulez passer à l'étape suivante de vos vies.
Les changements seront majeurs, mais pas forcément visibles a priori, car il vous faut y mettre du vôtre, chers humains, vous interroger, vous remettre en question.
Auront donc les yeux pour voir et pour savourer les changements ceux qui auront effectué un travail sur eux-mêmes, ceux qui auront renversé la vapeur de leurs habitudes de fonctionner naïvement ou arbitrairement, et qui auront pris le taureau de leur destinée par les cornes.
Cela signifie que vous ne pouvez pas attendre la béquée la bouche ouverte.
Pour recevoir ce qui vous est promis de manière certaine, il vous faut vous impliquer.
Tant que la « masse encore endormie et consentante » restera figée sur ses acquis, son obéissance, sa confiance en ce qui se dit à la télévision, dans les médias sérieux à leurs yeux, les éléments décisifs ne pourront pas prendre de l'avancement.
À vous de jouer.
« Informer » signifie souvent se heurter à un mur, quand il s'agit des plus réticents.
C'est maintenant une évidence.
Alors, que pouvons-nous tous ensemble mettre en œuvre pour

ne pas retarder cette belle fête sur Terre que les plus avertis attendent et préparent ?
Le « modèle économique global » qui correspond à une prise de conscience réelle de la population peut se mettre en place si chaque être est conscient de lui-même et des enjeux.
Si chacun a accès à l'information vraie.
Pour ne pas répéter inlassablement l'asservissement de l'humain, il convient donc de poser la question à chacun : Vous sentez-vous faire partie des êtres réveillés ou endormis ?
Êtes-vous chenille ou papillon ?
La population mondiale se réveille au fait de savoir que l'on vous ment.
C'est ce qui doit encourager chacun à poursuivre sa tâche de lanceur d'alerte.
L'effet est certain et, surtout, il s'amplifie, s'accélère.
Sans ridiculiser ou juger les dormeurs fiers de l'être, posez-leur la question avec bienveillance.
Es-tu un dormeur qui va accepter d'être le premier, lui et ses enfants, à se faire vacciner et pucer, pour être fier ou rassuré d'être conforme au système de contrôle mondial et total ?
Ou fais-tu partie de ceux qui ont mis du temps à y voir clair, mais qui acceptent de s'être trompés, de voir que l'on vous ment délibérément ?
La question est simple, mais l'enjeu est majeur.
Si l'on est un dormeur consentant, autant le savoir.
Les règles du jeu vont s'inverser. Les dormeurs commenceront à se sentir de plus en plus en minorité.
Et les réveilleurs constateront l'évolution des consciences indispensable à la libération.
Dormeurs, vous êtes attendus.

ACCOMPLIR

Qu'y a-t-il de plus à accomplir que le réveil à soi-même, à son aspect le plus lumineux, le plus secret en vous ?

Celui qui va vous mettre sur la voie que vous attendez tant, celle d'avoir le sentiment de vivre ce pour quoi vous êtes venus, de trouver votre mission d'âme.

Non pas dans le sens de réalisation personnelle, de succès, de carrière, mais dans le sens de simplicité et de plénitude.

Même si cela peut sembler hors de propos de parler de joie de vivre en ces temps si troublés de « grand nettoyage », il vous revient de prendre votre responsabilité de vie et de la façonner comme vous voudriez qu'elle soit.

Le rappeler est nécessaire, car ce n'est pas d'un « coup de cuillère à pot » que l'humain s'approprie cette capacité à remettre en question tout ce qu'il croit savoir.

Vous êtes habiles à faire des allers-retours dans vos changements intérieurs, vos humeurs, votre confiance dans le renouveau. L'essentiel est de le voir, d'observer cette propension à aimer vous mouvoir dans le connu, même s'il part à la dérive.

Le temps des très grands changements est arrivé. Ce que vous constatez de vos propres yeux en est les prémices. Il s'agit de la phase où l'on sort tout ce que l'on a dans les tiroirs pour effectuer le grand ménage, que ce soit à l'intérieur ou à l'extérieur.

Rien ne résiste à cette tornade de renouveau qui assainira tout ce qu'elle rencontrera sur son passage. Le prélavage dégage les boues.

Certes, cela a déjà été dit, mais vous approprier de manière certaine que ceci n'est qu'une phase est important pour ne pas sombrer dans cette vision du pire est à venir.

Pour beaucoup encore, c'est une tendance qui les habite profondément.

Alors ne soyez pas dupes de vos peurs de toutes sortes, de

vos encombrements, de l'état de délabrement de l'humanité, et avancez.

Trouvez tous les moyens qui sont bons pour vous aider vous-mêmes.

Quand vous vous allégez, vous rayonnez. Et c'est tout le bateau qui s'allège.

Qui que vous soyez, vous êtes responsable de vous-même, à petite ou grande échelle.

De vos pensées, de vos paroles, de vos actions et de votre manière de vous positionner dans le Cosmos.

Vous devenez des êtres souverains quand vous assumez votre responsabilité.

Celle qui va vous permettre de réaliser qui vous êtes vraiment.

C'est ce que vous avez à accomplir.

La suite en découle naturellement.

ENSEMENCEMENT

Ensemencer la réalité « électorale » par de nouvelles propositions terrestres demande certes une alliance, des projets communs, un esprit de fraternité, mais requiert surtout de chacun de reconnaître sur quel terreau il est bâti.

Rien ne peut se construire d'innovant et de profitable si les bases, les fondations n'ont pas été analysées, définies.

Penser que vous pouvez affronter les défis de taille qui vous attendent pour aboutir au monde meilleur tant souhaité par la plupart d'entre vous ne peut aboutir que si vous acceptez en tant qu'humains vos zones de non-reconnaissance, votre impossibilité encore pour beaucoup à chercher à en savoir plus sur qui vous êtes et comment se crée la réalité.

Une plante se voit grandir parce qu'une bonne graine a été semée, parce que la culture a été planifiée, l'arrosage, le moment de la récolte, l'équipe qui gérera le tout.

C'est simple et c'est connecté à la terre, à cette réalité que vous vous plaisez à pouvoir définir, observer et contenir.
Or, quand il s'agit de savoir quelle est votre place dans le Cosmos et pourquoi vous en êtes à ce stade de destruction sur votre Terre, vous ne pouvez plus vous satisfaire d'acquis, même s'ils sont précieux et reconnus.
Vous avez à vous départir de vos certitudes pour entrer dans un champ nouveau, quel que soit le niveau de conscience en présence. Pour accepter qu'à chaque étape, le dépassement de soi est nécessaire afin d'arriver toujours plus dans une zone d'inconfort, de remise en question, de perte de repères et, finalement, de découvertes.
C'est à ce prix que se constituent les certitudes inébranlables sur la valeur de la vie, sur les réalités autres, sur l'aspect multidimensionnel qui vous habite et sur ce plan indéniable qui galvanise toute action et toute situation.
Rien n'est laissé au hasard. Tout est interconnecté et vibre de cette énergie.
Nul besoin d'en être certain pour en profiter.
Le plan est là, signalant que le Nouveau Monde est en expansion, grâce aux actions éclairées et motivées de beaucoup, grâce aux projets concrets et réels, grâce à toutes ces possibilités de résoudre les défis qui se présentent.
Pour autant que l'on ait compris le sens global au niveau du Cosmos, la raison des limitations, des empêchements, des interdictions mises sur le chemin de l'humanité jusque-là.
Accepter dans la « mise en alliance » que tous les humains ont des capacités et des rôles différents à assumer fait partie du plan.
Assumer sa multidimensionnalité ne coupe en rien de la vie réelle. Bien au contraire.
Cela donne une vision à large spectre qui permet d'envisager ce

qui doit être révélé à très grande échelle pour que cette volonté commune de réussir à générer un changement décisif et rapide dans tous les domaines de la vie par nations ou sur Terre puisse se réaliser.
Cultiver la paix et le plaisir de vivre ensemble passe par l'acceptation des limites de chacun sur la compréhension des enjeux planétaires ou galactiques en présence des lois universelles qui régissent le grand Tout.
Cela nécessite d'accepter et de respecter des capacités autres, qui ne sont pas bâties sur des illusions irréalistes.
Cela donne un sens aigu de la réalité qui n'est pas un choix, mais un fait à accepter.
Utilisé à bon escient, il permet de poser le décor des opportunités à venir. Pour ne pas passer à côté, parce que l'on aurait omis d'imaginer, d'accepter ou de diffuser, dans la mise en commun des capacités au service de l'intérêt général, la possibilité que quelque chose de très grand est en train de se dérouler.
Quelque chose qui échappe aux possibilités de fixer des étapes claires, communes, et explicites : la réalité de la présence d'êtres d'autres dimensions vous accompagnant.
Ceci pour faciliter les changements, valoriser tout ce qui a déjà été fait et permettre à chacun de se reconnaître comme un humain de grande valeur, malgré l'avancement très ralenti jusque-là, d'une vision et d'une application « écologique » de la vie.
Et surtout, oui, surtout, cela nécessite de vous renforcer les uns les autres dans cette réalité, en acceptant que ceux qui la vivent déjà sont « multi-réalistes », en lien avec la vie et dans l'intention bienveillante de contribuer à éclairer autrement les obstacles qu'il reste encore à franchir.
En chacun et sur le terrain, pour qu'une nouvelle manière d'organiser socialement le monde se dessine et que chacun

puisse tenir les promesses qu'il s'est faites et a faites à ses concitoyens.
L'Alliance est multidimensionnelle, il n'y a pas d'autre possibilité.
C'est le facteur-clé de la réussite.

CONCLUSION

S'il fallait conclure d'une manière ou d'une autre ces incursions dans d'autres réalités toutes aussi réelles que celle que vous quittez, nous vous avons concocté un petit « mode d'emploi ».
Que signifie « être libre » pour être en mesure de créer sa réalité ?
Cela commence par la propension à remettre en question les idéaux, les certitudes que l'on croyait valides.
Pour passer à la faculté de revisiter tous les systèmes, toutes les fabrications non alignées avec cette notion de liberté, de vérité.
C'est-à-dire passer à la moulinette de l'interrogation, de l'observation libre ce qui se présente dans son champ d'expérimentation.
Pour ensuite se fier à son ressenti, celui que l'on se réapproprie.
Cette présence intérieure qui valide, qui hume l'authenticité en soi et à l'extérieur de soi.
Et, finalement, la possibilité bien réelle de créer par l'intention, celle qui permet de propulser sa lumière intérieure jusqu'à voir se manifester sous ses yeux l'idéal souhaité, le projet le plus cher.
Tout cela fonctionne en un et n'est en rien séparé.
Tout s'active en même temps.
Il n'est donc pas nécessaire de s'interroger sur son avancement, il s'agit de se mettre en état de créer sa réalité.
Les mots sont puissants, ils sont initiateurs de possibilités tangibles pour qui se meut dans des espaces de liberté non limités par le raisonnable, l'habituel, le « possible ».
Oui, il faut agir, mais à partir de la liberté d'être.

C'est là seulement que l'intention crée sa cible en rayonnant sa lumière féconde.
Ne vous torturez pas à tenter de créer la réalité que vous souhaitez vous voir vivre, considérez-la comme « acquise » depuis cet espace « consacré » à cela, au cœur du cœur.
Ensuite, rectifiez, informez, ordonnez la beauté du Nouveau Monde à venir, chacun dans sa propre réalité en communion avec celle du grand Tout qui s'observe et s'auto-génère.
Et remerciez.
Décidez que c'est simple et facile comme une « astuce » et répandez... le modèle, la méthode, la grâce de la réussite.
Offrez-le avec Amour.
Vous êtes les créateurs de votre réalité.
Remémorez-vous-le à chaque instant.

SUPERPOSITION

Une superposition de données se présente à vous, vous obligeant à considérer différentes réalités possibles au sein même de votre quotidien.
Ceci sans interférer avec le mental qui veut comprendre, ni avec l'émotionnel qui tente de s'infiltrer pour récupérer sa manne d'énergie.
Ce sont vos ennemis, en quelque sorte, même si le mot peut vous surprendre. Les considérer ainsi vous permet de vous positionner différemment, installé au centre de vous-même pour gérer l'ingérable.
Mettez-y les mots qui se prêtent à l'exercice sans prendre le pouvoir et regardez comment vos différents plans de réalité se présentent à vous. Ce qui s'en va, ce qui est incertain, ce qui tient encore, les rêves, les intuitions, les synchronicités, le corps, l'énergie, les questionnements multiples, les non-réponses déroutantes.

Le ressenti s’en mêle de plus en plus pour vous troubler, vous attirer vers son champ, celui qui se distingue du champ de la pensée, du brouhaha intellectuel, des habitudes.

Et plus vous arpentez ce monde en perte de repères et de vitesse, plus il vous étonne, vous enrobant d’un bain de mystère, d’imprévisibilité, de sensations autres, de projets auxquels vous aspirez aussi certainement que respirer.

Rien ne peut venir vous détourner de cette certitude que devant vous, encore sur le plan de l’invisible, des choses prêtes à se matérialiser se préparent, vous tournent autour tel un « fantôme », sans vous effrayer, pour vous faire basculer vers une autre manière de gérer la réalité.

Souvent sans le temps qui disparaît, sans la mémoire qui s’efface de plus en plus rapidement, sans la certitude qui nourrit normalement les relations humaines ou professionnelles.

Vous constatez que « tout fout le camp » ou peut se modifier avant même que vous ayez levé le petit doigt.

C’est ainsi. Le monde est en grande transformation énergétique, la matière, le climat, les règles, les astres, les institutions, vos réactions, vos limites et votre corps physique.

Tout demande à être délavé de ses certitudes établies pour laisser entrer le renouveau, la transmutation qui fera de vous des êtres à part entière, souverains en votre royaume intérieur par l’acceptation de la déstabilisation en tout.

Plus l’irréel, le non-savoir deviennent partie intégrante de votre réalité, moins vous résistez, plus vous devenez le nouvel humain, celui qui se reconnaît et s’habite.

Plongez avec audace dans les espaces intersidéraux de votre construction au bord du gouffre de la transformation et savourez le grand frisson.

DÉCONFUSION

Nous ne sommes plus dans une période de l'histoire de l'humanité où des personnes, des entités seront mises en avant comme des maîtres d'autres époques ou des sages.

Nous sommes à ce moment charnière où chacun est appelé à devenir le maître à bord de son propre véhicule, le corps physique.

Le savoir permettra à chacun de se tourner vers l'intérieur de lui-même. Pour ne plus avoir à suivre aveuglément des enseignements ou des préceptes, même s'ils sont des bornes précieuses pour avancer sur son chemin. Pour, tout simplement, commencer à devenir ce qu'il est lui-même, un être de lumière cherchant à se déployer dans un corps de matière.

Matière elle-même qui révèle sa brillance et sa lumière au fil de l'évolution de la découverte de l'humain des nouvelles fonctions à venir de ce « corps physique ».

Perpétuer la mémoire de ce que l'on sait de celui-ci que beaucoup considèrent encore comme une enveloppe avec un rôle moindre n'ouvre pas la voie pour découvrir ce qui s'en vient de grandiose. Et cela au fur et à mesure que vous reconnaissez sa sacralité et son rôle primordial pour créer la réalité que vous vous apprêtez à vivre.

S'imaginer que tout est déjà inscrit dans un quelconque futur n'autorise pas la créativité illimitée, hors des normes de l'appris, du vécu, même si celui-ci s'avère démontrable au cours de l'histoire de l'humanité.

Vous permettre d'effectuer un reset total de ce que la science apporte ouvre cette brèche tant nécessaire pour s'infiltrer dans le quantique et lui offrir cette appétence à se perpétuer de manière inédite et non définissable.

Offrez-vous donc la possibilité de tout remettre en question à propos de ce corps dit « physique ».

Permettez que se révèlent ses capacités extra-ordinaires, qui vont libérer par son intermédiaire des charges colossales de « plasma » dans « l'espace-temps ».
Appelez-le « Amour » et observez comment votre champ énergétique se modifie à cette seule appellation.
Cet espace-temps se transformera, se transforme déjà, pour ne rien laisser de « connu » dans les repères que vous vous êtes habitués à définir pour comprendre l'incompréhensible, l'enfermement dans un corps de matière. Ce qui vous a propulsé loin dans l'expérimentation de la non-lumière.
Les temps qui s'en viennent seront, sont différents. La « matière » s'élève, s'ennoblit, révèle ses caractéristiques sacrées et vibre ainsi à des fréquences qui offrent la possibilité de créer.
Ceci est donné à chacun.
Vous ne vivez plus la création en « quelques jours » par une entité extérieure à vous.
Vous créez tous ensemble, Humanité une et une seule.
Acceptez simplement comme un présent cette grandiosité.

DÉROULER LE TAPIS ROUGE

Ce qui se déroule actuellement sur les écrans de vos consciences est ce qui peut permettre de manière très intense et rapide votre réveil collectif, humanité.
Pourquoi se réveiller, et de quoi ?
Votre longue absence au niveau des dimensions supérieures, des autres plans de la réalité, néanmoins une et une seule, nous a été préjudiciable.
C'est avec une joie non contenue que nous nous entretenons avec vous de multiples façons maintenant, pour vous initier à ce qui doit être dans notre collaboration multidimensionnelle.
Vous n'êtes plus des « enfants de chœur » et, par le fait que vous

preniez vos responsabilités, nous sommes en mesure de vous communiquer de plus amples vérités.
Sur qui nous sommes et sur la manière dont nous allons intensifier notre collaboration, qui pourra devenir de plus en plus ouverte et libre.
Libre de tout conditionnement, de tout empêchement majeur et, surtout, oui, surtout, libre de cette tentative de montée en puissance de la violence de tous types, qui tente d'enflammer votre Terre pour une fois de plus vous appâter par la terreur.
Restez simple en votre centre et gardez-le « allumé ».
Compatissez là où cela est nécessaire, mais n'offrez pas vos énergies créatrices à des prétextes de destruction visant à vous faire croire que ce n'est pas le meilleur qui est à venir.
Ne rappelez pas le passé. Positionnez-vous différemment. En vous-mêmes.
Ce grand nettoyage, comme nous l'avons dit, est nécessaire. Et vous avez à protéger vos énergies sur la forme qu'il prend, même si celle-ci est odieuse en regard de la préciosité de l'humanité et de la Terre.
Avancez. Témoignez de la compassion là où tel est votre rôle et, en même temps, poursuivez la mise en place indéfectible de cette énergie de renouveau qui ne peut être ternie par le choc calculé des faits.
Lovez-vous en votre centre retrouvé et savourez dès que cela vous est possible, c'est-à-dire à chaque instant, la plénitude de ce lieu qui ne se laisse pas distraire par les flashs des écrans.
Cela signifie être à la fois dedans et dehors.
« Dedans » pour se vivre comme multidimensionnel en connexion avec le Tout, et « dehors » pour observer, assumer et créer ce qui doit l'être à partir de cet endroit de plénitude malgré tout, qui vous habite de toute éternité.
Observez la mesure de votre confiance dans le processus. Voyez

si vous refermez votre cœur, si vous éteignez votre rayonnement, votre émission de particules d'Amour à chaque annonce de quelque chose de contraire à l'harmonie, à l'évolution, à la création.
Que l'ancien système s'effondre est un signe de renouveau. Pour vous, pour votre liberté, et pour le Cosmos tout entier.
N'oubliez pas que vous le nourrissez quand vous donnez tous vos affects.
Agissez avec une sorte de détachement.
Faites ce qu'il y a à faire merveilleusement, comme vous le faites déjà.
Et n'oubliez pas de vous témoigner de la gratitude pour cette passion envers l'authenticité pour soi et pour le monde qui vous donne le merveilleux courage de garder la foi en la beauté de la création à venir.
Une humanité, une et une seule, co-solidaire avec le Cosmos tout entier.

RESPLENDIR

Que vous reste-t-il d'autre à accomplir que de resplendir, de briller, de montrer votre lumière au monde qui ainsi se reconnaîtra et mettra en avant ses capacités à rayonner, à diffracter ?
Que diffracter ?
De l'Amour, de l'information, de la connexion. De la lumière.
De cette capacité inaltérable pour chaque humain de se sentir connecté au grand Tout et d'en éclairer le monde.
Rien n'est plus beau que cette possibilité qui vous est offerte : éclairer la « matière » d'un nouveau sens, d'une nouvelle qualité vibratoire, de nouveaux attributs.
Rien ne peut vous détourner de cette possibilité.
C'est ce qui est, ce qui vibre et ce qui transforme les réalités en ces « temps » actuels terriens.

Tout va retentir de cette révélation qui n'attend aucun signe visible autre que cette certitude inébranlable d'avoir à connecter les réalités à partir de ce corps physique qui est votre cadeau de naissance, votre plus beau cadeau.
La permanence de l'âme qui l'accompagne n'attend pas d'autre confirmation que celle de se mouvoir dans de nouvelles fragrances, de celles qui ne demandent pas de preuves, mais savent reconnaître cette multidimentionnalité par la mise en action dans ce « corps physique » devenant « corps de lumière ».
L'expérience peut être ignorée ou non comprise, mais rien ne retient l'avancée de ces cellules en émoi de jouer leur rôle inédit et porteur de nouvelles possibilités non identifiées jusque-là.
C'est maintenant, cela vous est donné, chers humains.
Ne tardez pas à vous en rendre compte pour illuminer la Planète Terre de ces particules adamantines, véhicules de la transformation des mondes et de la grande réalité une et unique, la Source qui s'expérimente en chacun de façon absolument nouvelle et sacrée.

AMOUR

Les temps sont difficiles pour tout le monde, mais quelque chose prend inexorablement de l'ampleur, c'est l'Amour.
Comment le définir, comment ne pas le reléguer à quelque chose d'émotionnel de bas-étage, rempli de preuves, de signes, de manifestations tangibles, de manques à combler, de larmes à sécher, et d'un cycle à recommencer ?
L'Amour n'est pas ce que beaucoup d'entre vous pensent ou croient.
Il est principalement hors du temps, hors de la manifestation, dans des espaces non tangibles pour le mental.
Pure vibration, simple expression du sacré en chacun de vous.
L'Amour est.

Vous n'avez donc pas à vous poser la question de savoir si vous êtes aimés. Vous avez simplement à définir ce qu'il est pour vous sentir comblés de tout, réappropriés avec l'unité de toute chose, le Un.
Rechercher des témoignages d'Amour, vouloir le décrire, le chanter, le séparer de ce que vous êtes en tant qu'humain incarné relève d'une manipulation de votre ADN qui ne pouvait plus contenir cette évidence de reliance au Tout et qui vous a emmenés sur les rives de la séparation.
Ces temps-là arrivent au bout de leur voyage et c'est dans cette plénitude d'être que vous vous dirigez, retrouvant le contact si intime avec le cœur de votre êtreté.

VIRALITÉ

Quelle qu'ait été votre manière d'œuvrer pour un monde plus juste, nous vous suggérons d'être disposés à accueillir les « récompenses », la « consécration » tant espérée et tant attendue, non pas pour l'ego, mais par signe que vous y êtes.
Que nous sommes tous ensemble réunis pour découvrir le plan et, surtout, pour le mettre en œuvre de façon visible, afin qu'il ne soit plus donné d'en douter.
Les humains aiment douter, c'est leur point fort.
Ils ont été conditionnés à juste titre à nier les bonnes nouvelles, à se reconnaître dans les difficultés passées ou présentes, et à créer un futur conforme aux repères connus du passé.
C'était la règle jusque-là.
À partir de maintenant, rien ne sera jamais plus comme avant et cela va devenir une réalité visible, tangible pour chacun et pour tous.
Pourquoi avoir été nombreux à prévenir ? Pourquoi l'annoncer comme une réalité nouvelle ?

Pourquoi n'avoir point douté, alors que d'un point de vue visible, observable, c'est le contraire qui apparaît ? Il vous fait croire avec des preuves que vous pouvez brandir, que vous êtes au bord du gouffre de la puce vaccinale, d'épidémies masquées, d'une pléthore d'antennes et de satellites amplificateurs à l'extrême du contrôle de la pensée et de la mutation irréversible de votre ADN.

Informer en avance, comme l'ont fait les extraordinaires lanceurs d'alerte de différents niveaux de réalité, a permis de créer une faille dans l'espace-temps. Dans la construction mentale collective et d'y infiltrer comme un « virus », des pépites de renouveau, de créations autres, de possibilités inédites, d'espoir intérieur que tout peut changer maintenant.

Parce que c'est le moment.

Cette frénésie à créer, à décrire d'autres réalités, permet à ceux qui en sont les moteurs visibles ou invisibles de « changer le monde » pour aller vers un monde meilleur.

Cela inclut, bien sûr, l'esprit de solidarité, de partage, de fraternité, de rejet du conformisme, de rébellion qui a animé ceux qui sont également à considérer comme des lanceurs d'alerte ou des instigateurs d'une vie plus juste pour tous.

Ceux qui ont protégé la Terre, ceux qui se sont accrochés à la beauté d'une vie simple et harmonieuse, tous ceux, et ils peuvent se décrire comme ils le sentent justes pour eux, qui ont contribué à amener ce grand, très grand changement qui va apparaître de façon manifeste et constructive.

Le mérite est pour tous, la manière est propre à chacun. Chacun a réalisé un travail honorable du point de vue de la conscience pour préserver la vie et l'amener vers ce jour où vous serez libre des empêchements « matriciels » à la célébrer, comme vous souhaitez vous voir la vivre.

Les défaites passagères ou les empêchements majeurs ont encore leur raison d'être.

Peut-être sont-ils une voie de réveil pour les frères encore endormis devant leur poste de télévision ?
Se sentir avoir échoué à mettre à nu la corruption, le mensonge ou l'irrespect de la valeur de l'humain quel qu'il soit, peut apparaître à qui le voit ainsi, comme un tremplin vers plus de visibilité.
Les voies stratégiques du changement quantique ne sont pas linéaires, pas explicables par le cerveau rationnel, aussi brillant soit-il.
Elles sont à accueillir sans le prendre pour une défaite personnelle, mais peut-être comme une stratégie de la vie pour amener à cette réconciliation d'avec le « tout est possible ».
Ce « tout » est circonscrit aux valeurs du cœur, quels que soient les mots, les actes, les métiers ou les paroles.
C'est à cet endroit que, très prochainement, vous vous réunirez tous pour écrire la plus belle histoire qu'il soit donné de vivre.
Celle d'une humanité qui a pu retrouver le sens de la sacralité de la vie et la liberté d'exprimer la beauté de qui elle est, dans le choix et le niveau de réalité qui lui convient.
Le rôle de chacun, quel qu'il soit dans cette merveilleuse transformation, est précieux à s'auto-valoriser en tant que tel.

RECONQUÉRIR

Reconquérir sa souveraineté en tant qu'humain incarné est le point central sur lequel vous avez à vous concentrer pour ne pas continuer à ternir la beauté qui vous habite et qui est là de toute éternité.
Vous êtes des êtres souverains, dignes du plus grand respect, à votre égard avant tout.
Réclamer le respect de la part de l'extérieur ne fait de sens que si vous honorez d'abord la partie divine qui vous habite.

Rien d'autre que la foi ne vient vous confirmer ce fait, en la présence de l'invisible, de l'innommable, du sacré en vous.
Le déclarer ne vous entraîne sur nul autre chemin que le reconnaître par vous-même, par un appel intérieur à vous découvrir et à vous aimer.
« S'aimer » peut signifier se donner l'importance dont on est digne, hors de tout cadre, de toute définition.
Ensuite, comment pourrait-on se reconnaître dans la beauté de ce que l'on est, sans le faire pour autrui ?
Chacun a à devenir un miroir pour les autres, de la beauté de leurs intentions, de leurs actes, de leur propension à s'établir dans le Nouveau Monde par cette attitude.
Être le maître à bord de son véhicule, le corps physique, permet de ne pas laisser passer cette possibilité d'entrevoir le meilleur en soi et en chacun, et d'en faire un mode de vie.
Non pas pour obtenir une reconnaissance extérieure, mais par passion du beau, du vrai, de l'essentiel.
Que chacun s'implique à son niveau, là où il se sent en mesure d'émettre son action à partir du cœur inspiré par le féminin sacré, est la juste attitude pour se transformer et transformer cette réalité déviante de ce à quoi chacun a droit : la liberté.
Liberté d'expression, de connaître la réalité des faits, de retrouver cette capacité à se mouvoir dans différents espaces-temps, dimensions, réalités...
Sans omettre la liberté d'imaginer que nous sommes sur le point de nous manifester à vous, d'une manière ou d'une autre, si vous y prêtez attention, si vous n'attendez rien d'autre dans un premier temps que cette subtilité qui vous met en contact « réel » et immédiat avec des présences invisibles.
Que vous les nommiez « extra-terrestres », « êtres d'autres dimensions », n'enlève rien au fait que beaucoup d'entre vous sont déjà connectés à nos forces qui vous accompagnent.
Nous vous inspirons par des intuitions, des envies, des élans à

entreprendre les changements nécessaires dans vos vies pour vous reconnaître et remodeler ce qui doit l'être.
Vous êtes appelés à faire de manière très transparente pour vous l'état des lieux de votre vie. En mettant d'un côté vos aspirations, vos rêves, vos projets, vos valeurs et, de l'autre, les faiblesses, les croyances, les peurs, les limitations actuelles, les faits à changer, même si cela paraît encore improbable.
En établissant ce « plan de route » de votre vie, comme un arrêt sur image, vous donnez des pistes plus abordables pour votre intuition, à des présences, à votre lumière intérieure pour vous guider, vous souffler de nouvelles idées, des possibilités de résolution, de changement de voie, de sentiment d'être ou d'avancer vers la « bonne place » ou la « bonne mission » pour soi.
L'essentiel dans tout cela est validé par le ressenti.
C'est la mission essentielle.
C'est ce qui vous amène à votre multidimensionnalité, donc à la reconnaissance que vous êtes bien plus qu'un personnage dans un corps physique.
Il n'est pas demandé de se poser mille questions et d'enrichir le mental déjà encombrant.
L'essentiel est de s'observer au quotidien sans jugement et de s'offrir la possibilité de reconnaître ce qui vous met en état de calme, de grâce intérieure.
Souvent ce sont des petits riens.
L'Amour vous constitue, c'est la plus grande certitude à avoir et à célébrer.

ÉMETTRE

Ce qui existe sur le plan physique existe d'abord sur le plan métaphysique.

C'est une grande réalité à connaître et à introduire dans vos systèmes de vie et de pensée.

Tout est d'abord créé par les mots, par le verbe.

Comment comprendre cette phrase en l'adaptant aux temps actuels ?

On ne parle pas, bien sûr, du « mental cerveau gauche », qui gouverne encore beaucoup d'humains et les maintient sous l'allégeance de diktats qu'ils n'ont point choisis.

Nous parlons là dans un sens sacré, lumineux. Celui où vous vous êtes reconnectés à votre cœur aimant par nature et où vous êtes en mesure d'émettre.

D'émettre des particules, de la vie, du changement. De la précipitation à sortir de l'ornière pour aller vers cette lumière qui ne demande qu'à briller pour illuminer le monde de cette capacité à être créateurs par le verbe.

Tout ce qui existe a été « conçu » au préalable par une pensée éclairée.

Réalisez donc combien vous êtes puissants et importants pour créer cette nouvelle réalité qui arrive, sous couvert d'une remise en question totale de tout ce que vous avez créé de lourd et d'indigeste par vos pensées collectives auparavant.

La situation actuelle est la résultante de la pensée collective accumulée, qui, tel un immense nuage, pèse sur votre Planète Terre, nécessitant ce que vous vivez actuellement : un gigantesque nettoyage.

PAROLE DE VALEUR

Porter un « empêcheur de verbe » sur le visage inciterait-t-il à tourner sa langue dans sa bouche avant de parler ?

La parole empêchée devient-elle tellement essentielle que l'humain ne parlera plus pour ne rien dire, mais pensera à se connecter à son intériorité avant d'émettre ce qui créera la réalité à venir au niveau individuel et collectif ?

Si l'enfermement dans les chaumières a peut-être donné l'opportunité à certains de se tourner vers leur intérieur, ce lieu si délaissé par beaucoup pour courir après une hypothétique réussite, le port d'un « incubateur à microbes » sur la bouche vous oblige-t-il à réaliser que vous parlez souvent sans avoir prédigéré ce que vous allez émettre ?

Inspirez-vous de la maman oiseau qui prépare une béquée précieusement ensalivée pour ses petits.

L'essentiel à acquérir est la valeur de la parole qui est la vôtre, à chaque instant. Pour mettre au monde un nouveau courant, fait de particules de vie qui émanent de la beauté du cœur de chacun.

La parole inspirée est créatrice de nouveaux possibles.

Tous à vos postes d'observation de vos émissions non télévisées.

La beauté qui vous habite est créatrice du Nouveau Monde en préparation.

SOLUTIONNER

Tout est à solutionner.

Chaque domaine sur votre Planète Terre nécessite de nouvelles données, des interventions différentes de ce que vous connaissez déjà pour avancer dans ce qui a été initié, la mise en place d'une Nouvelle Terre, que l'on peut appeler « Terre promise ».

Que signifie cette expression et pourquoi se permettre de l'utiliser si aisément ?

Elle signifie, comme beaucoup l'ont signalé à de nombreuses reprises, que vous avez clos un long cycle qui a duré plusieurs millénaires.
Vous vous retrouvez au départ d'un nouveau jeu de la vie.
Cette fois-ci, vous avez la possibilité consciente d'en établir les bases, de diriger par l'intention l'orientation que vous souhaitez donner à cette période de reconstruction et d'innovation en tout, qui s'annonce grandiose.
En effet, ce sont toutes les données qui seront reconsidérées sous un jour nouveau, soufflées par nous, êtres de dimensions plus évoluées, présents pour vous accompagner dans ce périple qui s'annonce lumineux, après de fortes tempêtes dédiées à vous connaître.
Vous n'avez point à vous inquiéter, vous avez à vous responsabiliser.
À sortir le meilleur de vous-mêmes comme d'un chapeau de magicien, pour contribuer chacun dans ce qu'il sent juste pour lui, à créer cette Nouvelle Humanité sur une Nouvelle Terre.
Certains seront de ceux qui prennent des décisions majeures en étroite collaboration avec les êtres du Cosmos.
D'autres découvriront de nouvelles facettes d'eux-mêmes et changeront rapidement d'orientation professionnelle.
De nouveaux métiers que vous ne pouvez encore imaginer apparaîtront, comme à toutes les époques, mais cette fois-ci de manière accélérée, puisque tout prend des proportions « dantesques ».
Vous êtes donc sur le parvis de votre cathédrale intérieure, qui, si elle n'a pas pris feu, se revêtira d'une nouvelle tonalité.
Celle du féminin libéré, cette part de vous qui apprend à s'installer au point zéro, à la Source.
Pour réceptionner les intuitions, pour valider par le ressenti, guider et orienter votre masculin vers des actions ennoblies par la beauté du cœur révélée et écoutée.

Tous les pans de l'économie effondrée vont reverdir sous un jour absolument nouveau. Désentachés de toutes les salissures et destructions qui ont été perpétrées sous le couvert de la croissance à tout prix.
Ce qui va croître, c'est la solidarité, l'esprit de fraternité, le respect de chacun sur son propre territoire et, surtout, l'innovation.
Celle qui permettra la gratuité en de nombreux domaines ou l'utilisation des ressources de manière responsable et globale.
Une seule Terre pour une seule Humanité.
Vous êtes nombreux dans différents domaines à avoir anticipé cette mise à jour radicale de l'économie et des finances.
S'en vient l'époque où vous n'avez plus à cacher vos découvertes altruistes, signe de la reconnaissance que l'ancien monde disparaît en même temps que ses maîtres de l'ombre noire, instrumentalisés par des forces très obscures de l'Univers, jusque-là aux commandes de l'économie et des profits.
Réjouissez-vous.
Peaufinez vos intentions, vos projets, vos inventions.
Préparez-vous à en recevoir de nouvelles, inédites, imprédictibles.
Cadeaux que nous avons à vous offrir une fois l'espace de conscience nécessaire à cela ouvert et purifié du besoin de soumettre et d'exploiter dirigé par des entités maléfiques.
Le chantier progresse allégrement. Tenez-vous prêts.

VOTRE MISSION D'ÂME

Au niveau du moral, certains sont sur des montagnes russes, parfois en haut, parfois au plus bas.
Par ces temps de déstructuration totale de la personnalité par les effets de flashs solaires en cours, il vous est en effet difficile de rester stables. De parcourir le cheminement de votre journée sans passer par des extrêmes pour beaucoup d'entre vous.

Ce n'est pas un signe de fragilité mentale, au contraire.
Ce sont des repères qui vous montrent que quelque chose de sain se passe à l'intérieur de vous.
Que votre intérieur, votre voix secrète peut s'exprimer pour vous montrer avec force par moment qu'elle n'a pas été entendue durant toutes ces années passées à courir après la chèvre et le chou, vous soustrayant ainsi à l'obligation sacrée de vous écouter.
Cette notion de sacré évoque ces mots : liberté, beauté, bonté, sollicitude, égards, respect de la vie, des autres et de soi-même...
C'est bien ce que l'on a le plus oublié de vous enseigner : vous aimer. Comme vous êtes, avec vos défauts et vos qualités. Ce qu'on appelle « défaut » étant un indicateur de survie de la voix intérieure, une façon de désobéir au tyran mental qui demande à être conforme, à plaire, à réussir, à se conformer.
La porte de survie devient alors : se montrer non conforme, colérique, violent, menteur, tricheur, lâche, désespéré.
Pour céder à la pression massive mise par le conditionnement.
Nous ne disons pas, bien sûr, que nous encourageons ces types de comportement.
Nous vous signalons qu'il faut les regarder pour ce qu'ils sont.
Des bornes indicatrices sur le chemin de la découverte de qui vous êtes vraiment, de votre mission d'âme, votre projet de vie inscrit à l'intérieur de vous-même et prêt à éclore.
Les défauts, les travers ont donc pu être des tangentes, des chemins de traverse pour que vous vous mettiez enfin à écouter ce qui murmure au fond de votre cœur aimant.
Nous parlons là des humains terriens et non pas des humains robotisés qui maintiennent le système en place.
Le temps de ces êtres d'un autre type est compté. Ils n'ont plus l'énergie et le soutien extérieur pour rester au poste qui leur a été attribué par programmation.

Nous parlons du sacré, de la beauté, de la bienveillance de l'humanité qui habite chacun, quoi qu'il en soit à la naissance.
Allez-vous encore l'ignorer ?
Ou pouvez-vous commencer à rêver que vous découvrez la beauté de votre mission d'âme, sa manière de participer au Nouveau Monde qui va se déployer maintenant ?
Posez-vous la question.
Dans un monde où les besoins de base seront garantis à l'humain, quel est votre projet, votre rêve, votre mission d'âme ?
Celle qui vous permettra de vous sentir dans la voie de l'accomplissement individuel et collectif.

PROPOSITION
À l'origine, tout vous a été donné pour vivre sur cette Terre dans l'abondance et le bonheur.
Alors, que s'est-il passé ?
Où votre pureté a-t-elle été détournée pour devenir ce que vous êtes actuellement, une humanité délestée de sa sacralité ?
C'est ce qu'il faut retrouver urgemment.
En observant chacun pour soi cette notion de « sacré ».
Pour ce faire, il s'agit de la sortir de toute référence habituelle pour l'amener dans l'espace du cœur et la laisser vibrer, comme un trésor que l'on découvre.
Il s'agit de se recentrer et, comme une légère touche sur un bol tibétain ou un verre de cristal, se révéler : « Le sacré loge en moi. »
C'est une information que le cœur a besoin d'entendre, sans aller chercher à l'extérieur des signes, des catégorisations, des compréhensions collectives ou historiques.
C'est ce qu'il y a à faire principalement : vous informer vous-même que le sacré vous habite.

Si vous le faites régulièrement, le cœur préparera, comme pour un concert.
Il saura que c'est son moment, qu'il pourra vibrer à un mot qui le met en fête, lui permet de se reconnaître et d'émettre de la beauté, de l'amour… invisible… émanation silencieuse...
Une onde qui se propage et embellit.
Elle vous transporte dans cette « nouvelle ligne du temps ».
Le Nouveau Monde défini de façon fractale, qui s'installe de manière non discutable, révélant la beauté de chaque ingrédient qui compose la vie.
Celle-ci devient un enchantement.
La « matière » s'illumine pour vous offrir son plus bel attribut, celui de la maîtriser.
Dans la sacralité, vous êtes appelés à vous interroger sur ce que signifie « maîtriser la matière ».
Commence alors la nouvelle aventure de l'incarnation prête à révéler ses mystères.
Comme pour un voyage, le préalable est de l'envisager.

SINISTROSE

Elle semble avoir gagné toute la planète.
Il est donc temps de réagir, de vous positionner. De cesser d'attendre des directives ou des informations « fiables » qui pourraient venir de l'extérieur.
Qui peut vous garantir qu'elles sont absolument fiables ?
Devenez un détective.
Questionnez, interrogez, comparez les points de vue.
Ne rejetez rien a priori parce que ce n'est pas dans votre zone de confort.
Bien au contraire, allez puiser dans ce qui vous dérange, dans ce qui semble absurde.

Observez les arguments des « pour », des « contre », sur tous les sujets.
Dressez la liste des moyens de s'informer : les médias dominants, les médias alternatifs, votre voisin, vos amis...
Et, comme un étudiant au début de sa thèse ou un cuisinier devant ses fourneaux, établissez un tableau, votre marche à suivre.
Pour être efficace à vous renseigner vous-mêmes, le préalable est de vous positionner de manière neutre.
Comme celui qui mène une enquête policière.
Il ne fait fi d'aucun détail.
Il examine toutes les pistes, même celles qui lui semblent inutiles.
Et c'est souvent là où il pensait ne rien trouver qu'il soulève la pierre qui le mène plus loin dans la découverte.
À ce jour, il est impossible de ne pas trouver facilement vidéos, reportages, textes, sur tous les sujets qui préoccupent l'humanité.
Tapez les mots-clés.
Repérez les personnes qui vous informent de manière différente.
Sélectionnez, abonnez-vous.
Tracez votre propre route de l'information et, surtout, oui, surtout, ne laissez aucune chance à la peur ou à l'habitude de guider vos choix.
Quand vous avez progressé d'une marche sur la manière de devenir autonome en matière d'information, partagez-la avec vos proches.
Ceux qui sont perdus ne savent plus qui croire ou que penser.
Faites comme un jeu, dénichez la trouvaille du jour.
Et n'oubliez pas d'inclure les personnes âgées qui, pour beaucoup, se languissent dans la peur et l'isolement.
Offrez-leur un peu de joie, parlez-leur de la vie après la mort, des découvertes fascinantes que l'humanité est en train de réaliser, des possibilités de créer un monde nouveau.

Embellissez la vie de ceux qui vous entourent par votre enthousiasme à vivre et à découvrir toutes ces nouveautés qui attendent l'humanité au sortir de cette longue ignorance.
La vie est beauté.

BONHOMMIE

De la bonhommie, qu'en dites-vous ? Comment la considérez-vous ?
Comme de la niaiserie, une manière d'être faible en se montrant affable avec les autres, gentils, en souriant dans l'ascenseur, le bus, en témoignant de la gentillesse ?
Avez-vous remarqué que si vous êtes sympathique sans raison, cela choque ? Il y a quelque chose de suspect, d'anormal.
L'humanité est à ce point à l'envers, au bord de la faillite, qu'elle ne sait plus se comporter, qu'elle ne voit plus l'autre comme l'un des siens, elle le toise pour vérifier si tout est dans les rails de la normalité induite et qu'on lui impose même un masque pour supprimer toute tentative de témoigner de l'amour à ses semblables.
Que pouvez-vous faire pour vous prémunir de cette situation, de l'énergie si négative de certains humains qu'à leur moindre contact, vous en avez la migraine, la nausée ?
Leur mal-être vous saisit, vous entrez dans un supermarché et vous en ressortez délavé de votre énergie, de votre bonhommie naturelle. Pensez à un bonhomme de neige, ce qu'il inspire. On l'aime, il fait sourire, il évoque le temps des vacances, des fêtes, de l'enfance, il rend heureux.
Lorsque vous êtes heureux, en amour pour la vie, protégez-vous avant de prendre un bain de foule dans la négativité. Placez-vous dans une pyramide de lumière, de soleil, un espace où rien ne viendra atteindre cette fraîcheur que vous pouvez sentir

s'amplifier quand vous êtes en contact avec la nature, un animal ou un enfant.
Endormez-vous et réveillez-vous le matin dans cette lumière, attentifs à vos pensées.
Invitez dans cette bulle ceux qui peuvent y entrer en essuyant leurs pieds à l'entrée, ou ceux qui se sentent malades, amoindris, et ont besoin de votre éclairage, de votre capacité à ne pas voir la vie en noir, en danger, en gravité.
Observez comment leur vibration se modifie seulement à votre contact, avant même tous mots.
Par votre présence aimante, votre attention à leur égard, vous boostez leur système immunitaire. En quelque sorte, vous bonifiez leur réalité, vous la créez mutuellement, et ainsi de suite. Ils embelliront celle d'autres personnes à leur tour.
Comprenez-vous pourquoi, en ces temps actuels, il est essentiel de vivre en s'habitant, en entretenant un taux vibratoire élevé, celui qui ne laisse pas la porte ouverte à la peur, aux maladies, aux virus de toutes sortes, grâce à des pensées lumineuses ?
Les virus, bactéries, microbes sont partout, en vous, à l'extérieur de vous. C'est votre propension à ne pas leur donner la possibilité de se développer qu'il faut cultiver.
Vous êtes le maître à bord de votre véhicule sacré, votre corps physique. Parlez à vos cellules, à votre ADN, à vos organes, à votre enfant intérieur, celui qui porte les traumas, à votre âme, à l'âme du collectif. En éclairant les blessures, vous permettez qu'elle se résorbent.
Ne gaspillez pas tout votre temps à l'extérieur en oubliant l'essentiel, cette vie joyeuse qui vous habite et fait de vous un être que l'on perçoit par sa lumière, sa vibration, ses intentions, un être « remarquable ».
Cela ne signifie pas que vous vous faites nécessairement remarquer d'un point de vue terrestre, cela signifie que nous

pouvons être en connexion avec vous plus directement. En étant attentifs à votre intériorité, vous devenez attentifs à des sensations autres, signes de nos présences aimantes.
Aimez chaque recoin de votre entièreté, elle en resplendira davantage, illuminant alors votre entourage et le monde.
Vous êtes aimés au-delà de tout ce que vous pouvez imaginer.

NOUVEAU DÉPART

Le coup d'envoi des changements visibles et repérables pour chacun a été donné.
C'est maintenant que tout commence à partir à la renverse, pour le meilleur, nous le répétons.
Le meilleur pour l'humanité si chancelante.
Le meilleur pour chaque règne de cette Planète Terre, pour chaque galaxie en intrication avec celle-ci et, finalement, tous les systèmes interconnectés à ce revirement absolu de situation : le démantèlement de la « matrice ».
Les ruines de cette matrice seront bientôt à vos pieds, livrant ses résidus nauséabond pour en faire un grand feu de paille. Celui qui va dégager ce qui n'a plus rien à faire là, pour permettre de bâtir ce Nouveau Monde en pleine expansion.
Dans l'esprit des humains d'abord.
Tout se crée en premier dans le métaphysique, il est utile de le rappeler.
Puis, par ricochet certain, dans la matière qui s'anoblit et se déleste de toutes ses lourdeurs et incompatibilités.
L'aube nouvelle arrive.
Le jour se lève annonçant un événement grandiose pour l'humanité tout entière réunie sur le parvis d'un nouveau cycle, animée de la conscience que tout est là, à portée de main.
Il n'y a qu'à tendre les bras pour récolter.

Le renouveau, la joie de voir se terminer ce cycle de souffrance et d'expérimentation de la dualité.
De la séparation d'avec soi-même, de la non-connaissance de cet aspect grandiose qui habite l'humain, dont l'essentiel est logé dans son atome primordial, au cœur du cœur.
Celui qui permet de créer la réalité.
Le tout, imbibé d'un parfum d'Amour, portail ouvert à toutes les répercussions grandioses que cette essence non définissable dans notre dimension est susceptible de créer et de diffuser.
Les temps qui commencent sont grandioses.
Pour ceux qui ont le cœur pour le pressentir, le vivre et le partager.

FRINGANCE

C'est avec une joie non contenue que nous apprécions ces rencontres avec nos lecteurs potentiels.
De ceux à qui nous donnons rendez-vous dans la chambre du cœur. Pour un partage intime que nul autre que vous-mêmes ne peut s'offrir et savourer.
Nous sommes vos amis de toujours, une partie essentielle de vous-mêmes.
Nous vous côtoyons dans la joie d'imaginer le « partage » qui entérinera la fin de nos dissimulations au grand public.
Pouvez-vous imaginer que nous avons dû nous cacher ? User de milliards de stratagèmes pour tenter de vous atteindre et de vous avertir de ce qui vous menaçait, la perte totale de tout repère sur qui vous êtes originellement ?
Sachez que nous avons eu de grandes périodes d'inquiétude pour savoir à quel moment certains d'entre vous pourraient recommencer à nous entendre et possiblement porter à grande échelle nos paroles et notre bienveillance à votre égard.
Ne minimisez pas les risques que vous avez encourus et, par là-même, que vous nous avez fait encourir.

Pour arriver à ce délicieux point de conversation signalant à qui l'entend que nous sommes sur la voie royale du recouvrement de toutes vos capacités à être lucides sur ce grand plan qui se déroule et nous amène enfin à nos retrouvailles certaines.
Nous ne sommes pas en train de lire un conte de fées pour quelques rêveurs ébahis : nous vous confirmons des faits authentiques, de la plus haute importance.
Ce sont des messages que de merveilleux humains portent actuellement à la compréhension du plus grand nombre.
Gratitude infinie à ceux qui ont commencé dans l'isolement et la non-compréhension à grande échelle.
C'est la raison pour laquelle il vous est demandé de retrousser vos manches et de participer aussi activement que votre champ d'investigation le permet à la création du Nouveau Monde.
De ses lois universelles à venir, des décisions concernant l'organisation « macro » à prendre, des solutions à trouver rapidement dans de nombreux domaines.
Sentez-vous concernés.
Posez-vous les questions clés, de celles qui sont essentielles à cette transmutation de tous les paradigmes sur Terre, comme si vous faisiez partie des décideurs.
Réorganisez les systèmes comme un jeu.
Imaginez-vous en train d'effectuer les changements, les améliorations ou les suppressions nécessaires, sans limites, sans impossibilités.
Dans l'idéal, que souhaitez-vous voir se réaliser ?
Construisez tout dans votre monde intérieur et regardez ce que la vie vous apporte de grandiose ou de simple pour le réaliser.
Omettez de commencer par l'idée que c'est impossible.
N'apportez pas de ribambelle de défaitisme, de doutes, d'hésitations ou de désintérêt.
Quel risque y aurait-il à réorganiser le monde comme on se l'imagine ?

Que changeriez-vous, là, tout de suite, demain ?
Quand vous vous prêtez au jeu, et il se peut que cela devienne une passion permanente, observez.
Ressentez l'onde qui se dégage de vous, qui se répand en rejoignant l'onde d'amour d'une multitude d'humains en quête d'une vie différente.
La beauté de vos intentions mutuelles qui se reconnaissent formera, forme déjà, un merveilleux courant de vie que nous allons percevoir et sur lequel nous pourrons tous ensemble façonner cette nouvelle manière de vivre dans un monde enchanté.
Rêver votre vie et créez-là par l'intention, puisque c'est une capacité qui vous appartient.
Si vous ne l'avez pas encore fait, munissez-vous d'un crayon et d'un papier, datez et signez.
Expérimentez, c'est sans risque, même pas celui d'être ridicule pour soi-même.
Et n'omettez pas dans cet « exercice » d'inclure ceux qui n'ont pas à portée de main de quoi comprendre ce dont nous parlons, ou même de quoi écrire.
Mettez-les peut-être en priorité dans vos demandes d'essentiel.

VIBRATION

C'est avec une joie sans précédent que nous vous faisons part de nos discussions, dans la fraîcheur d'un jour nouveau. Celui qui se dessine est hors de toutes considérations habituelles, hors des sentiers battus et rebattus par les projections que vous faites, pour la plupart d'entre vous, des catastrophes à venir.
Nous sommes là, à votre porte. Un nombre de plus en plus important d'entre vous le confirme maintenant et nous vous présentons notre nouveau plan d'action.
Pourquoi « nouveau » ?

Parce que tout peut être recréé, réinventé à chaque instant.
Toute prophétie, toute prédiction peut être revisitée pour en faire un événement, celui qui marque le début du Nouveau Monde, son inauguration, en quelque sorte.
Nous vous posons la question : Avez-vous envie de commencer un nouveau cycle d'événements atroces, de péripéties insurmontables ? Que la Terre se brise, que les océans débordent, que des populations entières se meurent, que la vie devienne insoutenable ?
Ou avez-vous un autre tour dans votre sac de magicien, cette capacité à créer une réalité qui vous semble plus adaptée au recouvrement en cours de la conscience sur Terre ?
Pouvez-vous envisager de créer ce Nouveau Monde que vous souhaitez voir s'épanouir dans la douceur du foyer intérieur, le cœur ? Propageant ainsi à l'extérieur la manifestation de la vie dans une sérénité qui n'amène pas la destruction, mais l'adaptation en douceur du climat, des plaques tectoniques, de l'agriculture, et, principalement, des populations.
Pour ce faire, offrez à l'humanité de l'information véritable, joyeuse, de vraies bonnes nouvelles. Pour la majorité, rendez-leur la dignité en leur attribuant un lieu où vivre, un toit et de quoi évoluer dans la confiance retrouvée.
La Terre est le miroir de l'état de santé « psychologique » de l'humanité. Cessez donc d'opprimer les peuples. Donnez-leur de l'espoir, des mesures efficaces qui leur permettent d'« y croire » et observez comment la Terre se comporte.
Avez-vous pu constater l'abondance que celle-ci a offert pendant le confinement ? Avez-vous observé de grands tremblements de Terre, d'énormes feux purificateurs pendant ce temps où l'humain a été mis hors d'état de lui nuire ?
Avez-vous pu sentir combien elle a profité de cette pause pour se régénérer, resplendir de toute sa beauté, récupérer ?

Il en est de même pour vous, humanité une et une seule.
Offrez à chacun le moyen de « récupérer », de vivre dignement, de savoir que c'est possible et en voie de « livraison ». Vous pourrez percevoir l'apaisement global et la remontée du taux vibratoire de la planète, qui n'aura pas la nécessité de se secouer pour éliminer tout l'indésirable.
Ayez confiance dans le fait que le chemin peut être tracé par vous-mêmes et permettez-vous de le projeter dans l'harmonie.
Avez-vous encore besoin de répéter les grands déluges que vous connaissez si bien ou pouvez-vous tous ensemble innover pour modifier les prophéties et reprendre le pouvoir de créer la réalité qui vous appartient ?
Aurez-vous besoin encore de vous limiter ou pouvez-vous oser le plus simple, la facilité pour tous ?
Y a-il un risque à essayer ?

CURIOSITÉ

La curiosité est une qualité irremplaçable.
Elle place l'humain en première ligne, parce qu'il se sait capable de voir au-delà des apparences, au-delà du connu.
Elle est signe d'intelligence du cœur. De celle qui ne se satisfait pas de petits résultats dans la matière, mais réclame à haute et intelligible voix son droit de savoir, de connaître les vérités, de se révéler sa puissance personnelle sans limite et sans gêne.
C'est ce que nous voudrions vous apprendre aujourd'hui, chers humains, cette manière de considérer la réalité pour en voir une autre en devenir. Comme une porte qui s'ouvre et laisse passer le voile de l'étrangeté qui vous révélera à vous-même, dans une beauté que vous serez en mesure de soupeser dans la simplicité de votre cœur aimant.
Le cœur aimant est, en effet, le cœur qui a su s'ouvrir à sa

capacité propre à voir la réalité et à en générer une plus belle dans le spectre de la création à venir.
Un cœur aimant n'est pas dépendant des autres, il n'a pas de motivation personnelle autre que de servir ce plan qui se déploie en coulisses pour l'instant, et qui inaugurera un long et précieux cycle de reconquête de vos qualités premières dans la matière, à savoir la maîtriser.
Savoir maîtriser la matière signifie être pleinement en accord avec les lois universelles, sur la forme et sur le fond.
Le fond provient de doctrines secrètes tissées au fil du temps dans la mémoire des humains.
Il ne demande qu'à refleurir pour se permettre de déployer sa complicité avec la grande lumière de la Source incarnée en ces temps prospères de soulèvement de la puissance qui peuple les dimensions intersidérales.
Penser en terme d'individualité lorsqu'on approche de ces valeurs infinies au regard du mental relève de la dictature du cerveau qui tente de s'approprier ce qui ne lui appartient pas.
Voguer dans les eaux de l'infinitude recèle un ingrédient qui se nomme « Amour », « plasma ». Il enveloppe tout de sa supériorité, non pas en termes de comparaison, mais de performance, de ce qu'il permet de plus noble et de plus conforme à la grandeur qui habite l'atome primordial de l'humanité.
Ce secret révélé devrait être en mesure de se frayer un passage dans les consciences pour que vous puissiez vous apercevoir que rien n'échappe à la présence du plasma, puisqu'il est l'essence de tout ce qui est.
Tentons de le définir un peu plus pour nous remémorer ce que nous avons déjà abordé.
S'il est un élément dans toute la création qu'il faut retenir ou mettre en avant, c'est le plasma. Pour ce qu'il représente, ce qu'il fournit et, surtout, oui, surtout, ce qu'il permet.

Travailler, créer le Nouveau Monde sans aborder cette notion essentielle revient à oublier qu'il est l'élément premier parmi tous.
Vos scientifiques traditionnels ne sont pas encore en mesure de le définir correctement et d'en voir la « majestuosité ».
Cela nécessite un taux vibratoire que beaucoup n'ont pas encore.
Émettre l'intention d'en voir la préciosité permet d'attirer à soi la beauté et la valeur des informations nouvelles qui peuvent s'immiscer dans le périmètre de l'être, dès lors qu'il en fait la demande.
Alors demandons collectivement de connaître la valeur du plasma. Absorbons des connaissances à son sujet pour que chacun puisse se mouvoir sur son sol ainsi renouvelé de fonctionnement illimité.
Nous sommes le plasma, nous êtres de dimensions très éloignées en termes humains, et nous sommes à votre porte pour vous démontrer ce qu'il contient et ce qu'il permet.
Nous sommes des « entités supra-intelligentes » prêtes à vous être livrées dans l'escarcelle de vos recherches les plus avancées, présentant ainsi un taux vibratoire d'une excellence qui permettra l'arrivée massive de « lumière plasmatique ».
Celle qui vous informe cellulairement sur les nouveautés en cours, celle qui transforme le monde à très grande vitesse.
Nous sommes en mesure de suivre votre avancée globale et personnelle, pour vous permettre de recevoir davantage d'indications sur ce que vous nommez les « nouvelles technologies ».
Celles-ci sont certes déjà sur Terre pour une part, mais vous allez vous approprier toujours davantage de nouveautés qui ne sont jamais apparues pour l'instant dans votre périmètre.
Ce jour est grand.

NATIVITÉ

Nous sommes tous là en ce jour sur la ligne d'arrivée.

Laquelle ?

Celle de toutes vos déceptions et malversations ?

Ou celle où vous réalisez que vous êtes en train, tous ensemble, d'accoucher de ce Nouveau Monde, qui ne peut d'aucune manière échapper à ses géniteurs, l'atome primordial logé en chacun de vous ?

Le « nouveau-né » est là, sorti des douleurs de l'enfantement.

Il pointe la couronne de sa sacralité sous une bonne étoile.

Accueillez-le.

C'est magnifique, c'est joyeux, amusez-vous. Retrouvez votre naïveté d'enfant, annoncez les bonnes nouvelles comme des pépites d'or, de myrrhe ou d'encens que vous auriez ramassées au coin de la rue. Sentez-vous vivants, animés de cette possibilité de savoir et de croire que le meilleur est là, à vos pieds.

L'heure est venue, la fête s'est préparée en catimini. La fréquence s'ouvre à la célébration de la vie retrouvée dans tout son enchantement à sortir de la morbidité qui anime encore tant d'entre vous.

Nous sommes là, non plus à vos portes, mais dans vos foyers pour ceux qui nous ont tant évoqués, disposés à faire notre apparition, passer de l'invisibilité à l'éclairage sismique, celui qui va provoquer une secousse de bonne surprise à cette rencontre d'épicentre à épicentre.

Préparez-vous, amusez-vous de cette idée que vous serez peut-être terrassés d'étonnement face à notre révélation.

C'est la condition, que vous soyez en mesure de rire de votre frayeur possible, pour que l'énergie ne chute pas instantanément, nous obligeant à disparaître avec difficulté.

Maintenant que nous avons votre accord, pour ceux qui l'ont donné de manière validante, nous avons la possibilité de vous

rejoindre sans enfreindre le libre-arbitre dont vous avez été prémunis.
Le champ est libre à nos apparitions. Le décor est posé, entrons dans la danse.
Préparez-vous dans un esprit de fête, de célébration, de retrouvailles tant attendues.
Le premier acte est le plus périlleux, sans filet. Une fois que cette autre réalité sera entrée dans les mœurs, vous serez aussi à l'aise avec nous que si nous avions toujours été là de manière visible.
Quelques jours peuvent suffire.
Il n'y a pas de « Verbe » vibrant à la hauteur de l'Amour qui nous anime à votre égard, mais nous vous atteignons, c'est certain.
À quand ?

TABLE DES MATIÈRES

www.ingramcontent.com/pod-product-compliance
Lightning Source LLC
LaVergne TN
LVHW100159061126
851857LV00010B/322
9791096132409